あなたは嫌いかもしれないけど、とってもおもしろい蚊の話

東京大学大学院農学生命科学研究科
三條場千寿
国立感染症研究所昆虫医科学部
比嘉由紀子
国立感染症研究所昆虫医科学部
沢辺京子

山と溪谷社

もくじ

第4章 愛と偏りの蚊図鑑

第5章 蚊と人間のまじめな話

はじめに

あなたは蚊は嫌いですよね。それとも美しいと思いますか？　蚊は世界でいちばん人を殺す危ない生物だそうです。そのため巷では、病気をうつす（あぶない）蚊、刺されてかゆい（うざい）蚊など、大変な厄介者として紹介されています。しかし、蚊をこよなく愛する3人の蚊学者は、チョウやトンボと同じくらい蚊は美しいと信じ、ちょっと変わった図鑑を作りました。もちろん病気の話から防除の話まで、最新の話題を盛り込み、蚊のイラストはあくまでも本物に忠実に、しかし、セールスポイントはちょっとだけデフォルメさせてもらいました。

第1章では、一般読者からの素朴で想定外の質問に、3姉妹は珍回答で対抗します。第2章では、蚊の魅力満載のエピソードを紹介し、第3章では、昆虫の基本形態、蚊の種類について解説します。ここまで読めばあなたも蚊の博士！　続いて第4章でイラストを満喫してください。最後の第5章では、感染症の話から蚊と人類の未来を語る、壮大なテーマで締めくくります。蚊の魅力が満載の新しい蚊の図鑑を皆さんにお届けします。

この図鑑を読み終えるころには、きっと蚊のとりこになっていることでしょう。さあ、蚊の世界にようこそ。

蚊の姉妹
蚊の世界に誘う実在の科学者

もなか姉さん@沢辺京子

長女。簡単には姿を現わさない最後の〆的存在。絶対エース。夢とロマンを追いかける半分天才、半分オタクな蚊学者。いちばん好きな蚊はコガタアカイエカ。

国立感染症研究所昆虫医科学部。日本衛生動物学会会長。専門は衛生昆虫学と昆虫生理学。2017年、日本衛生動物学会賞受賞。学術会議連携会員。

かのこ@三條場千寿

次女。妄想だけでご飯を3杯食べられるタイプ。行動力がある。蚊の形態美をこよなく愛するハエ目好き。いちばん好きな蚊はオキナワオオカ。

東京大学大学院農学生命科学研究科・応用動物科学専攻・応用免疫学教室。専門は節足動物媒介性感染症、寄生虫学。

ぶん子@比嘉由紀子

三女。自称、蚊の世界的研究者。暇人。好きな言葉は「温故知新」と「飲み放題」。いちばん好きな蚊はオオハマハマダラカ。

国立感染症研究所昆虫医科学部分類生態室室長。専門は蚊の分類学。デング熱媒介蚊の研究にも従事。

デザイン　朝倉久美子
イラスト　牛久保雅美（カバー、第1章〜3章）
　　　　　朝賀仲路（第4章）
校正　戸羽一郎
編集　神谷有二

教えて先生
蚊のQ&A

Q1

なぜ刺すの？
なぜ血を吸うの？

血を吸うから嫌い。
自分の血をとられたくない
（イギリス・40代・男性）

人を刺す、
うっとおしいなどの
悪いイメージしかない
（北海道・中学2年生・男性）

パ〜パ〜ン

A1

子孫を増やすための特別食です。

蚊も人間と同じように子孫を増やす必要があるので、卵を作るために動物の血液の栄養分が必要不可欠というわけ。なので、血を吸うのはメスの蚊だけなのよ。

でもね、おもしろい実験をした先生がいるの。ヒトスジシマカのメスに高栄養のローヤルゼリーを与えてしばらく飼育したところ、血を吸わなくても卵を作ったんだって。血と同程度の栄養がとれれば、血は必ずしも必要ない種類もいるみたい。蚊の世界的研究者、ぶん子はベトナムのホーチミンで採集されたヒトスジシマカを飼ったことがあるんだけど、あるとき、血を吸わせてないのに砂糖水用の綿に卵があることに気がついたの。最初、間違ってぶん子の血が吸われちゃったかなーと思っていたんだけど、どんなに気をつけていても血を吸わせていないのに卵があるの。まれに、分布の境界線や血が吸える環境にいない場合は、無吸血で産卵する種類もいるみたいね。

あとね、オオカという種類の蚊は血を吸わなくても花の蜜だけで卵を作ることができる特殊な種類なのよ。いずれにせよ、血を吸うのは子どものためだから。人間と同じ。こう聞くと、簡単につぶせないよね。

（ぶん子）

あなたたち、わたしたちの主食は血だと思ってない？　毎日、血ばっかりいただいていたら、死んじゃうんですけど。わたしたちの常食は、花の蜜や樹液、果実なのよ。

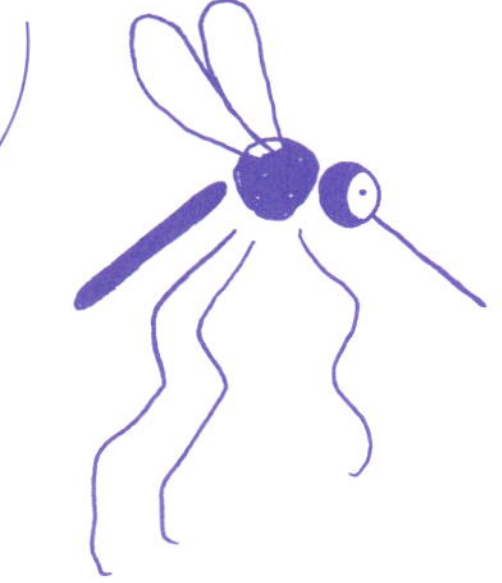

Q2

なぜ何回も刺すの？

気がつくまで何回も
刺されて吸われる。
しつこい。どうして？
（東京都・40代・女性）

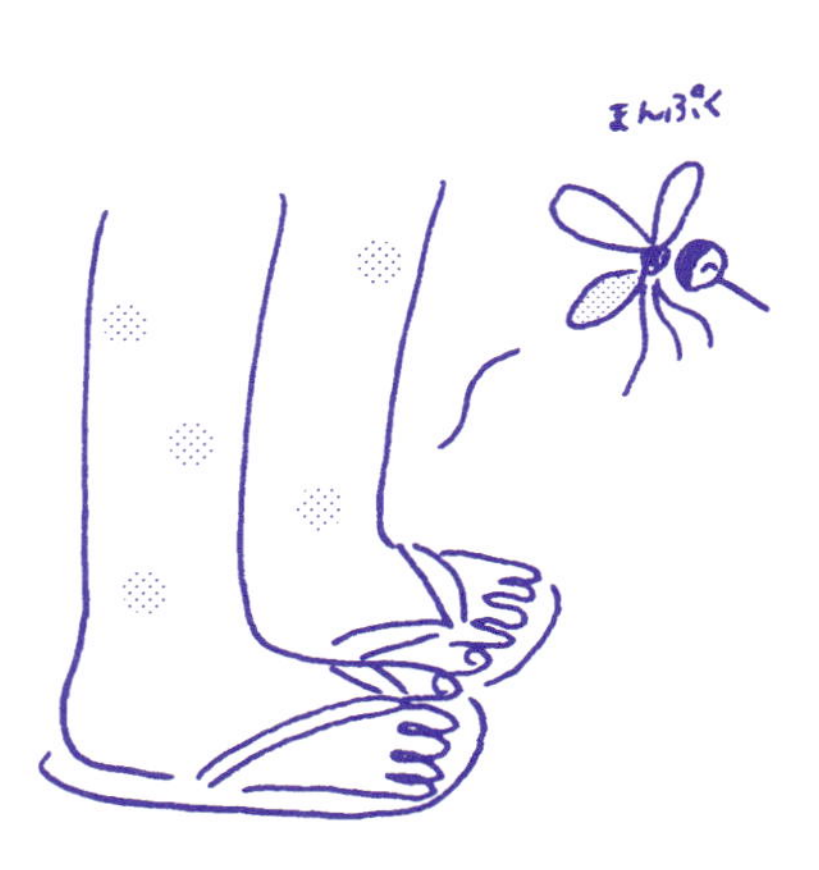

ごめんなさい。吸血のプロとしてお恥ずかしいけど…。食事の途中であなたたちに動かれて上手く吸えないことがあるの。1回でバシッと決められるよう修行に励みます。

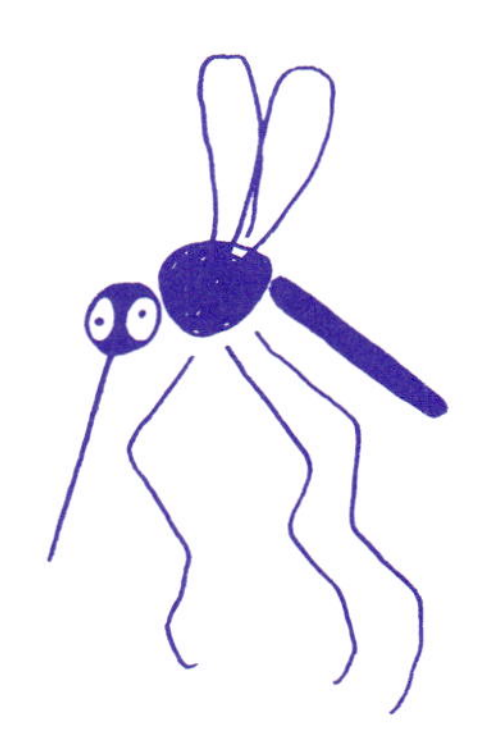

A2

満腹が望みです。

お腹がいっぱいにならないと卵の発育に充分な栄養が得られないからよ。ぶん子がまだ学生だったころ、暇人だったので24時間、5日間ぶっ通しでヒトスジシマカを採集して、ひたすらメスの卵巣を解剖したことがあるの。1000個体以上は解剖したかしら。するとね、充分に血を吸っていると、卵巣全体が発達して卵でお腹がいっぱいになるものなんだけど、中途半端に発育した卵をもったメスがわずかながら採れたの。前の吸血が不充分で、卵を育てることができなかったのね。

蚊が媒介する病気があるところでは、中途半端に血を吸って、何度も人を刺しにくる蚊が多くなると大変なことになっちゃうのよ。病原体をもった蚊が、ちょっとずついろんな人を吸血すると病気がどんどん広まっちゃうわけ。血を吸いたい蚊を変に追っ払うと、何回も血を吸われるから一発で仕留めないとね。ぶん子は耳元でぷーんと聞こえたら、顔以外を露出しないで蚊を顔におびき寄せて、ここというときにパチンとたたくのよ。自分で自分をビンタすることになっちゃうので、はたから見たら変だけど。でも、人間も満腹になるまで食べたいわよね。腹八分でご飯終了って、わたしには一生無理。

（ぶん子）

Q3

なぜ、かゆいの？

かゆくならなければ
嫌いじゃないのに
（東京都・40代・女性）

A3

麻酔の副作用です。

吸血の最中に見つかると、はたかれたりして充分に吸えないから、見つからないように蚊の唾液に麻酔のかわりになる成分が含まれているの。少し時間がたってくると唾液中のタンパク質に対して人間の体が反応して、それがかゆみとなって表われてくるというわけ。かゆみが来るころには蚊にはまんまと逃げられているというところがなんとも悔しいわよね。

でも、体質によっては蚊に吸われても全然かゆくならない人もいるのよ。ぶん子の尊敬するM先生なんか、普通の人が刺されるとかゆくてたまらない蚊でも、全然痛くもかゆくもないそうなの。ぶん子がお気に入りのオオハマハマダラカという蚊を育てていたときに、次の世代の卵を得るためにはどうしても蚊に血を吸わせる必要があったの。その蚊は人間の血が大好き。マウスをあげても吸わないし、仕方ないからぶん子のしらうおのような腕をその蚊のケージに入れてみたらおいしそうに血を吸ってくれたんだけど、アレルギー反応がすごくって、かゆいを通り越して腕の太さがウツボくらいにパンパンになってしまったの。そこで蚊に刺されてもかゆくならないM先生の出番よ。蚊の世界的研究者のぶん子も体質には勝てなかったわ。

（ぶん子）

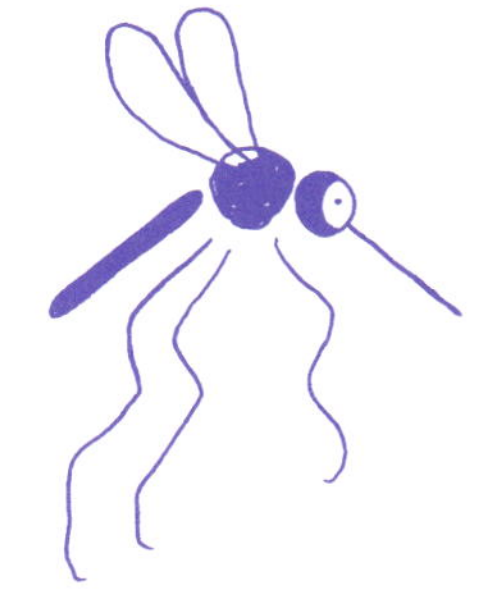

かゆいのはしょうがないのよ。でも、かゆくなければいいのね。そういう方向に進化できないかしら。

Q4

なぜ羽音はあんなに嫌な音なの？

耳元でぶんぶん
うるさいけど夏を感じる
（静岡・70代・女性）

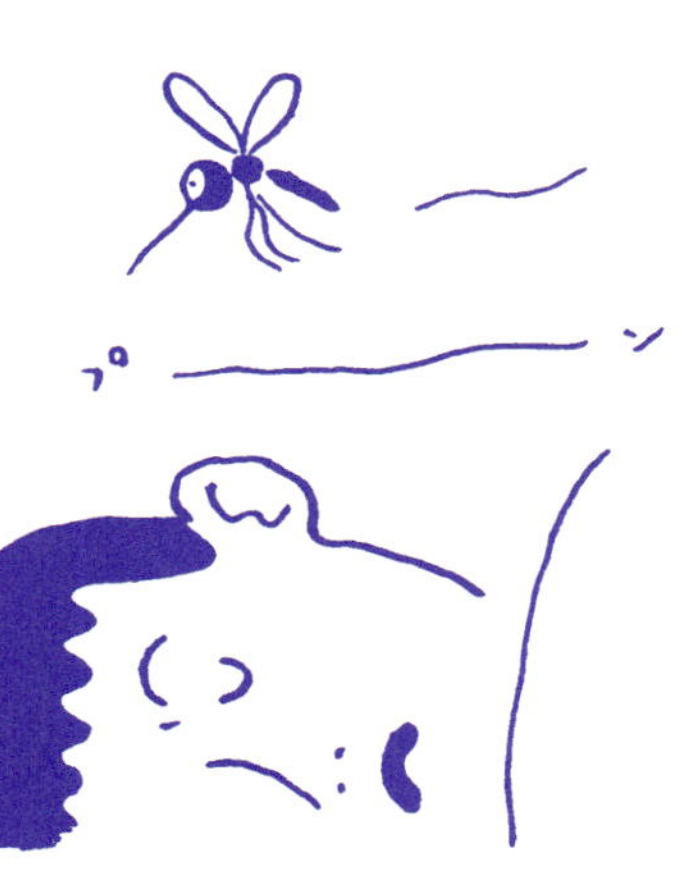

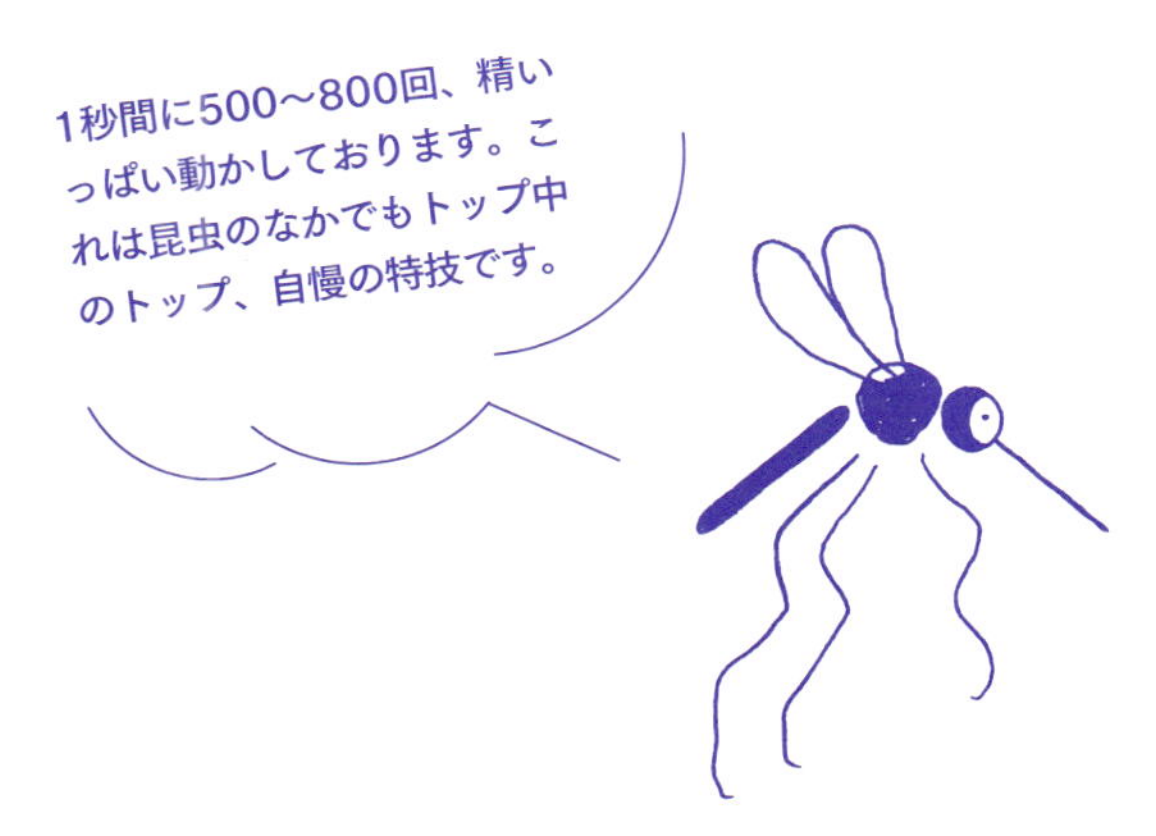

ラブソングなのです。

人間には不快かもしれないけど、蚊にとってはすてきな音よ。恋人探しで重要なの。

世界的に有名なネッタイシマカという蚊のメスの羽音は400ヘルツ、オスは600ヘルツ。これは種によってある程度決まっているそうなの。そして、恋の季節になると少しずつ羽音を調整しながらハモる相手を見つけるんだって。それがメスはちょうど3倍音、オスは2倍音の1200ヘルツ。人間だって、カラオケでハモっちゃった日には恋に落ちちゃうわよね。つまり、蚊の羽音もときにはラブソングというわけなの。ぷーんと高音で気になるけど、ラブソングだと思うと、少しはすてきな音に聞こえない？

（ぶん子）

電話の117の時報で、「○時をお知らせします」で1秒ずつカウントダウンした最後の「ピーン」という音は880ヘルツ。人の耳を刺激するこの音に、人は無意識に身構えるんだそう。だから、ほぼ同じ周波数の蚊の羽音が不快に感じるのね。ちなみに、ハエの羽ばたく回数は200回くらいで多いほう。でも、トンボは20〜30回、チョウは10回くらいで、あまりの羽音の小ささに人は気がつかないそうよ。

（もなか姉さん）

Q5

わたし、人よりよく刺されるんですけど？

たくさんの人間がいるなかで
自分を選んでくれる
（富山県・中学3年生・女性）

A5

遺伝的にある程度決まっているみたい。

蚊は二酸化炭素、体温、服の色などなど、いろんなものに反応して、吸血する動物を探しているの。それを「誘引源」と呼ぶんだけど、人間によってそれぞれの誘引源の強さが違います。最近の研究で、双子を使って蚊に刺されやすさを調べた研究があるの。一卵性双生児、二卵性双生児の場合、前者は刺されやすさの度合いが同じで（刺されやすい場合は二人とも刺されやすい、刺されにくい場合は二人とも刺されにくい）、後者は二人の一致度が一卵性双生児ほど高くないんだって。年が同じだけの普通の兄弟姉妹だもんね。刺されやすさって遺伝的にある程度決まっているみたいね。研究で蚊を効果的に採集したいときなど、ドライアイスを使って二酸化炭素を放出させ蚊をおびき寄せたり、ドライアイスが手に入らない国では、イースト菌を発酵させたりするのよ。たくさんの人のなかから蚊に選ばれるあなたは、体から発せられる誘引源が蚊の好きなものと重なっているのかもしれないわね。うらやましいわ。蚊によく刺される人は研究者にもってこいの体質ね。向いているわよ。蚊の世界的研究者、ぶん子と一緒に仕事してみない？　あっ、でも蚊の全部が全部、人間が好きってわけではないから、そんなに神経質にならなくてもいいのよ。

（ぶん子）

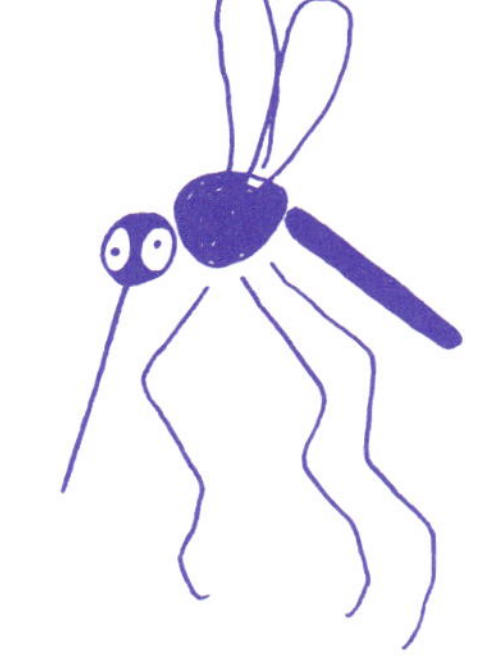

あなたどんくさいんじゃないかしら。まっ、それも個性。なんでも人と違うところがあるっていうのは、すてきなこと。わたしは好きよ。

Q6

蚊に刺されやすい服の色ってある？

刺されやすい
服の色とかありますか？
（静岡・小学生・男性）

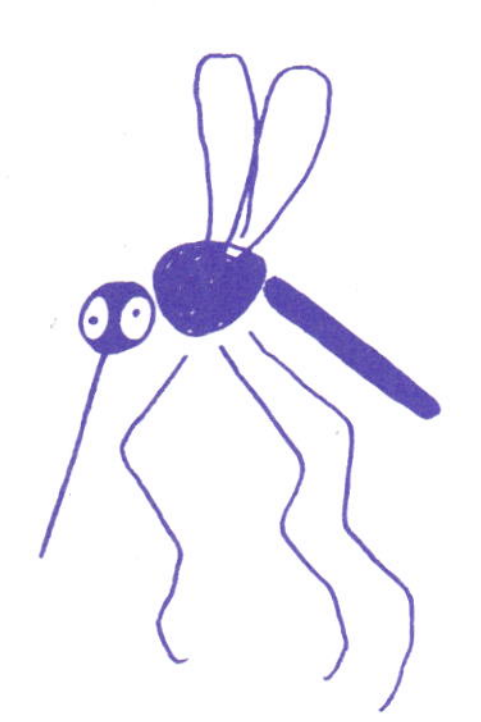

A6

黒い服が好き。

昼間に見る蚊は、一般的に濃い色に誘引されることが知られていま す。なぜって? 昆虫の目には秘密があるの。蚊の目は複眼といって、個眼と呼ばれる目玉がたくさん集まってひとつの目を作っているけど、人には見えない紫外線が見えているようなの。それで、明るい色より暗い色につい集まっちゃうみたいね。蚊が好きな色は、黒→赤→青→黄→白の順だって調べた人がいたわね。蚊だけじゃなく、ハチやアブも黒が好きらしいわよ。黒っぽい服を着るとスマートで超クールに見えるけど、蚊やハチにもモテるみたい。どうしても刺されたくなかったら、白っぽい色の服を着るといいかもよ。そうそう、迷彩色って意外に蚊に襲われにくいんですって。あれ? 肌の色でも刺されやすいってあるのかしら? 日本人で日焼けをしてない人は、している人よりもほとんど刺されないってことになるけれど、これって違うわよね。皮膚からは匂い成分や二酸化炭素も出ているし、体温の影響もダイレクトに伝わるし、単純に色だけじゃないってこと。蚊はあの小さな頭や触覚で複合的に魅力的かどうかを判断できるってことかしら。わたし、平熱高いから蚊に好かれるんだわ、きっと。

（蚊の姉妹）

Q7

病媒介するんでしょう？

病気を媒介するんでしょう？

ペットの
フィラリア感染が怖い
（京都・20代・女性）

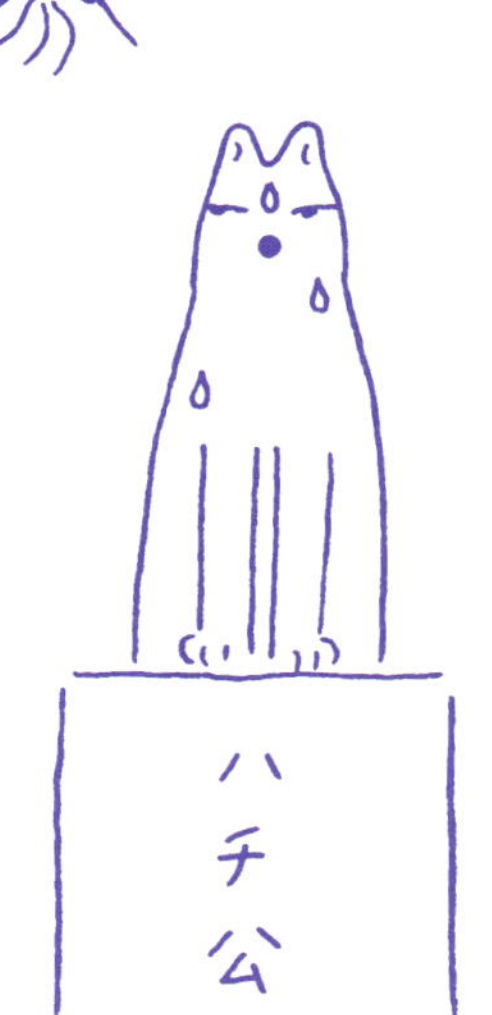

そうね、渋谷ハチ公の死因のひとつはフィラリア症っていわれているからね。確かにフィラリアという大きい寄生虫から、ウイルスまでいろいろ運ぶけど、好きで運び屋をやっているわけではないから。

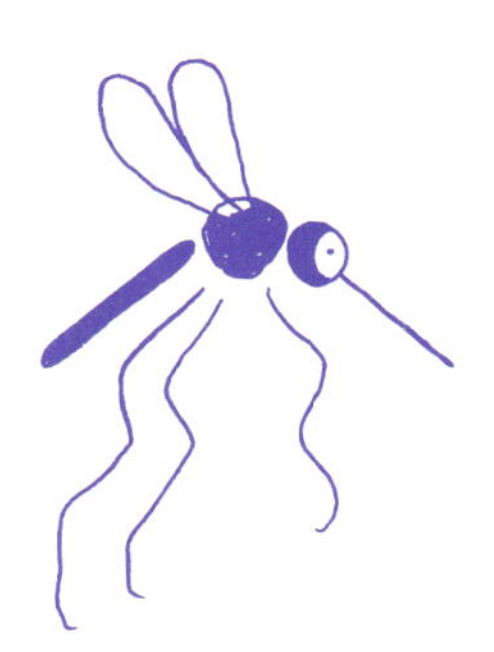

A7

するわよ。

日本では人の病気としてマラリア、フィラリア（糸状虫）症、デング熱、日本脳炎などがよく知られているの。でもね、すべての蚊が病気を媒介するわけじゃないのよ。日本には約110種類の蚊が知られているんだけど、実際に人の病気を媒介する可能性があるのは30種類程度。家の近くで見られる身近な蚊に限れば、10種類いるかしら？　都市部では3種類くらいよ。なので、正しい知識があれば、全然怖がる必要はないから。だから、ぶん子のお願い。この本を一字一句、隅から隅までじっくり読んでちょうだいね。

（ぶん子）

ネコもフィラリア症になるんですって。そりゃそうね、外にも出かける自由なネコなら、蚊からフィラリアをもらうことだってあるわよね。しかもネコは体が小さいから、わずか数匹のフィラリアで症状が重くなることもまれにあるんですって。心臓や肺の血管に詰まるみたい。うちのネコは外に出さないから大丈夫。じゃなくて、家の中でも人は蚊に刺されるでしょう？　ネコだって一緒。定期的に予防してあげましょうね。ところで蚊は病原体で死なないかって？　あまり影響ないらしいけど、フィラリアをもっていると寿命が短いかもだって。

（もなか姉さん）

Q8

虫よけの うまい使い方教えて。

ばっちり虫よけを
塗ったつもりなのに、
気がついたら刺されている。
ときどき「こいつら、
人間より頭いいんじゃね」と
思わせられる
（東京都・40代・男性）

A8

入念に、ていねいに塗ってください。

効果を感じてない場合は、たいてい、推奨される使い方をしていない場合がほとんどなの。数時間おきに塗布とあれば、そのスケジュールを守ること。小さな子どもに使うときや、洋服の上から使うときの注意なんかもちゃんと書いてあるからね。汗をかいて体を拭けば、それだけ効き目の持続時間が短くなっちゃうから、その場合は、もう少し頻繁に塗ることを心がけてね。試しに、右手だけに虫よけを塗ってキャンプしたことがあるんだけど、虫よけを塗っていない左手は、それはそれはひどいことになったわよ。

（かのことぶん子）

ホームセンターなんかで普通に買える虫よけ剤も多いわね。虫よけ剤にはディートかイカリジンを含む2種類があるけど、どちらもよく効くわよ。容器の裏には注意事項が書いてあるから、（文字が小さすぎて読めない！　〇〇ルーペが欲しいわ）必ず読んでね。それから、「耳なし芳一」のように、薬の塗り忘れがあったら蚊はすかさず狙ってくるから、塗り方にも注意して。粉やジェルなど、薬のタイプも豊富だから、用途に合わせて選んでね。最近では、長時間効果が続く高濃度の製品も売られているわ。でもね、効果が続く時間は人によって違うから、汗っかきのあなたは要注意かもよ。

（もなか姉さん）

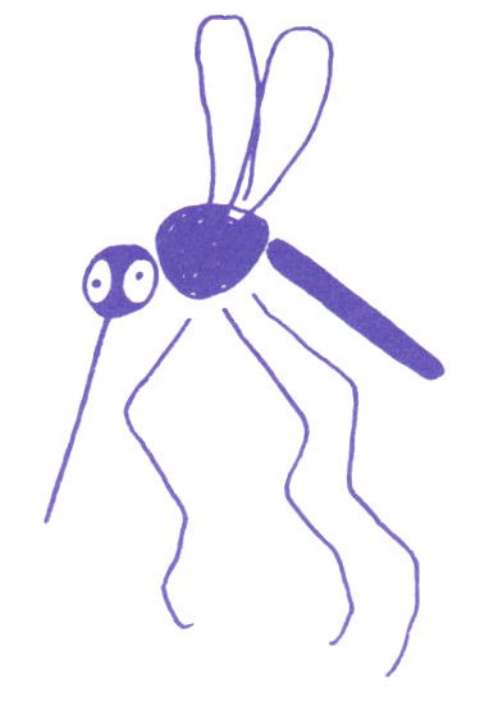

Q9

蚊柱ってなに？

野球チームに入ってます。
夕方になると守備中、
頭の上に黒〜い蚊柱ができます。
動いてもついてきます。
あれはなんで？
（武蔵野市・小学5年生・男性）

そもそも蚊柱は何？ってことを教えてあげないといけませんね。蚊の殿方も必死なのですよ。

そもそも、それはユスリカかも？

蚊柱は交尾相手を探すオスの集団。一般的に、飛び出たものの上にできて（人間の頭とか）、そこにメスがふらーっと近づいてくると、蚊柱に取り込まれちゃって、争奪戦が繰り広げられるというわけ。メスはモテモテね。

実は、蚊柱って蚊だけじゃなくて、蚊に似たユスリカやガガンボという虫も作るものなの。夕方に守備の邪魔をしたのはユスリカじゃないかしら？　だったら、囲まれても慌てないで。メスもオスも血を吸わないから。ユスリカの外見はアカイエカそっくりだけど、口は食事が取れないほど退化しちゃってるの。かわいそうに、成虫の寿命は数日ですってよ。脚が長くて体がひょろっとしてて、まさに美人薄命ね。幼虫は水中にいるけど、ヘモグロビンをもってるから体が赤く、別名「赤虫（あかむし）」とも呼ばれるの。成虫は蚊柱を人の頭の近くに作るから、「頭虫（あたまむし）」とか、「脳食い虫」とか呼ばれちゃって。美人薄命のイメージぶち壊し。ひどくない？

さあ、これであなたもユスリカ博士ね。頭の上の蚊柱なんて、ファッションの一部にしても今どきかっこいいかもしれないわ。

（ぶん子ともなか姉さん）

Q10

逃げ足速いですね。

逃げ足速くね?
(東京都・40代・女性)

A10

効率の良い吸血・繁殖のためです。

子孫のためよ。吸血の成功率を高めるためにも逃げ足が速くないとね。蚊の飛ぶスピードってどのくらいか知ってる？　今から約40年前に蚊の飛ぶスピードを調べた研究があるの（ぶん子みたいな暇人？）。蚊が飛ぶスピードの範囲以内の風速だと風の中でも飛び回るであろうことに目をつけて、西アフリカのガンビアという国で、4メートルと8メートルの高さの塔で、人間の血を吸いに来るハマダラカの仲間、メラスハマダラカとイエカの仲間、タラシウスイエカという蚊を採集したところ、風速1・2メートル以上になると採れなくなったんだって。つまり、その2種類の蚊の飛ぶスピードも最高秒速1・2メートル程度ってことね。なんかピンとこないわよね。台風の強さを表わす場合、強風域だと風速15メートル以上、暴風域だと25メートルなんだけど、違いすぎて全然参考にならないわね。気象庁によると、風速1・2メートルというのは至軽風（しけいふう）で、煙がなびく程度らしいわ。蚊の世界的研究者のぶん子のヤマ勘によると、蚊の種類によって飛ぶスピードって違うような気がするの。その速さよりも自分が速く動けるようになったら、百発百中で蚊を仕留めることができるようになるわね。

（ぶん子）

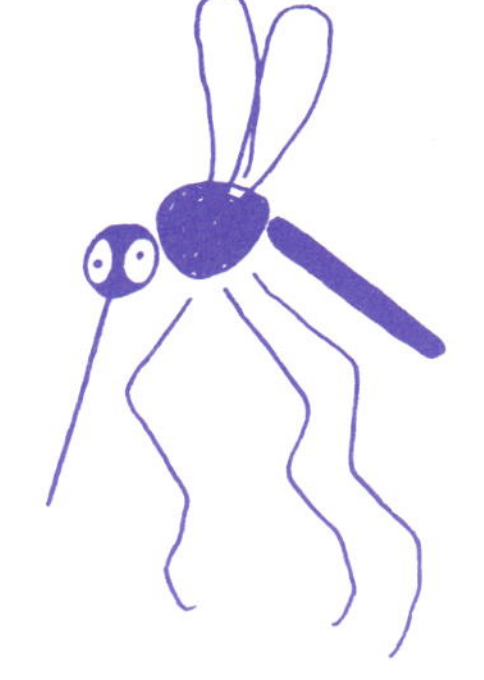

アンケート調査実施！

みんなに蚊のことを聞いたのです。

「みんなは本当に蚊が嫌いなのだろうか」という素朴な疑問から、北は北海道、南は沖縄、小学生から80代の方まで男女問わず132名にアンケート調査を行ないました。やはり大多数の人は蚊が嫌いでした。嫌いな理由のトップは「かゆいから」です。裏を返せば、かゆくなければ蚊は嫌いではないってことではないでしょうか。実際、かゆくなければ嫌いじゃないという声もありました。「その他」の理由の多くは「そもそも虫が嫌い」で、無回答は「蚊に対して好きとか嫌いとか思ったことはない（奈良県・高3・女性）」というごもっともな意見です。

3%ですが「蚊が好き」と答えた貴重なご意見を紹介します。「ヒトスジシマカがとてもきれい。血を吸ったときにお尻が半透明できれい（埼玉県・小6・女性）」、マニアックですね。「PS2のゲームキャラクターがかわいい。人と話すとき、話題にしやすい（京都府・20代・男性）」、どんな話をするのか興味津々です。「血を吸って膨れた姿がかわいい。小さくて持ち運びできるところがいい（奈良県・高3・男性）」、ん？　どこに持っていくのでしょう？「刺されたところをかくと気持ちいい（富山県・小5・男性）」、大丈夫ですか？　いろいろな愛し方があってすてきです。そんなみんなの声がこの本をつくる源になりました。第1章で取り上げた質問は、実際に皆さまからいただいた声です。アンケートにご協力いただきました皆さま、ありがとうございました。

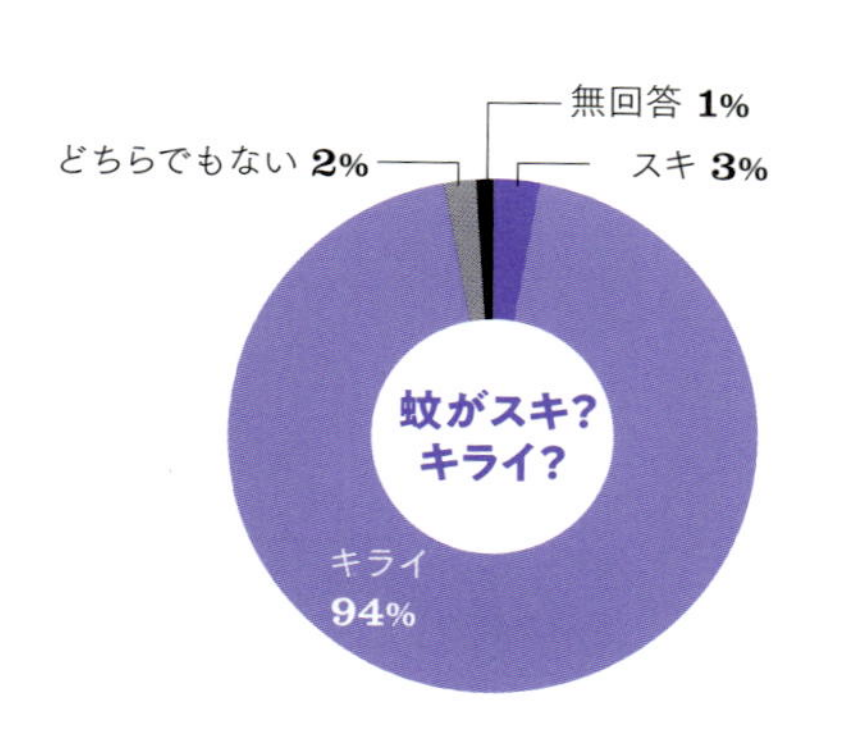

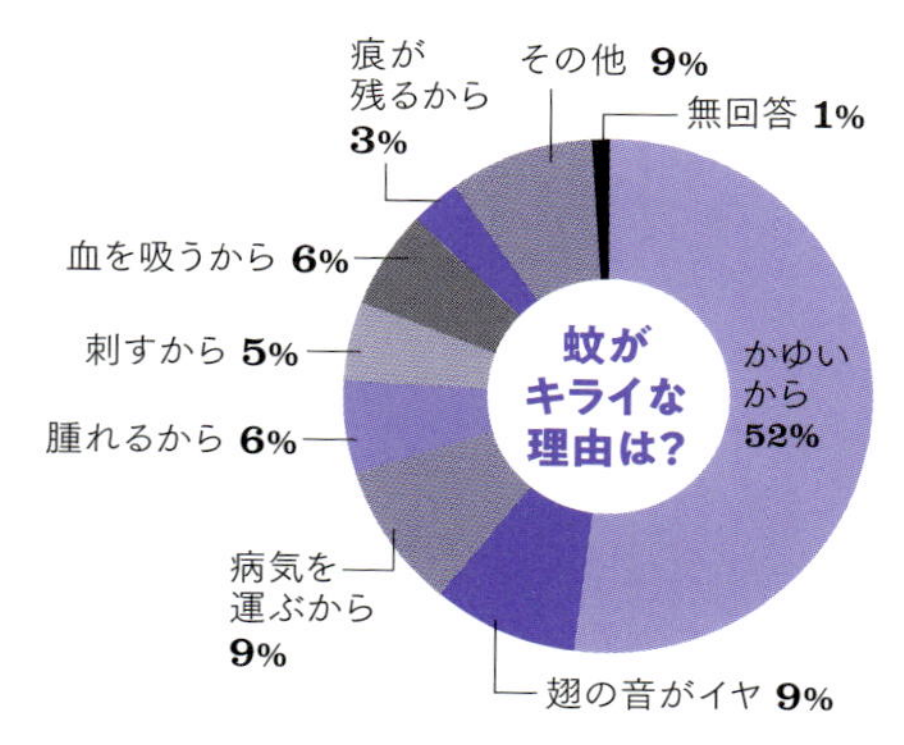

蚊のおもしろい話

○○○の血を吸う蚊

鳴き声を頼りに集まる耳のいい蚊。

登場する蚊
マクファレンチビカ

え？　蚊って人とか犬とか猫とか、いわゆる哺乳動物から血を吸っているんじゃないの？と思っているそこのあなた！　そういうあなたにこそ、ここを読んでほしいわ。今日は、やさしさの塊、わたし、ぶん子がちょっと変わった動物から血を吸っている蚊の話をこっそり教えちゃいます。

まずは、カエルの血を吸っている蚊がいるっていうお話。ネタバレになっちゃうといけないので、タイトルは○○○としたんだけど、今、カエルって聞いて、えーっと思ったでしょう？　蚊の世界的研究者であるわたし、ぶん子でさえ、最初、マジで？って思いました。

今から40年ほど前、米国でカエルから血を吸うチスイケヨソイカという「カ」の名がついているけど、分類的には蚊とは別の昆虫を採集するために、カエルの鳴き声を録音したプレーヤーとともにトラップ（昆虫を採集する罠）を仕掛けたところ、期待した通りチスイケヨソイカがとれたという報告がありました。で、その報告には、わずかながら蚊も採れた、という結果も一緒に載っていました。自分の名誉のために言っておくけど、わたしは決して、昆虫にカエルの鳴き声を聞かせるなんて米国人って暇人？って思ってないですからね。こういう柔軟な発想

が自然科学を発展させていくんだなって、この蚊の世界的研究者であるわたし、ぶん子も素直に感動したわけであります。で、さらにびっくり。この話にむむむって飛びついたさらに暇人、ちがーう、鋭い日本人研究者のM先生がいました。蚊の話はほんの数行程度。だけど、そこに目をつけて、蚊もカエルの鳴き声につられて採集できるんじゃないかと考え、調べようと思ったわけです。カエルとか蚊が好きじゃないと、そこ、ひっかからないよね、普通。カエルの鳴き声トラップを西表島のジャングルに仕掛けてみたらしいんだけど、結果はというと……ビンゴ！　たくさん蚊が採集されました。さて、でも、ちょっと待った。蚊が採集されただけじゃ、その蚊がカエルの血を吸うかわかんないよね？　そう思ったあなたは鋭いです。蚊の世界的研究者になれます。M先生は、トラップで採集されたマクファレンチビカをカエルと一緒にカゴの中に入れたのです。そうしたら、どうでしょう？　蚊がカエルの血をたくさん吸ったというわけ。蚊はカエルの鳴き声を頼りにカエルのいる場所を探している可能性が高いんだって。広いジャングルの中で好みの動物を探すって大変だよね。生き物ってほんとおもしろいわ。　（ぶん子）

△△△の血を吸う蚊

血を吸われる側もびっくり。

登場する蚊
カニアナヤブカ▸p.72

はい、また、きた。タイトルに△が入ってる。でも、ぶん子ファンのあなたならもう知ってますよね。え？　なに言ってるかわかんない？　そういうあなたは、前の〇〇〇の回をちゃんと読んでよね。ここでは、サカナの血を吸う蚊についてのお話です。

カエル以上に、え？　マジで？って感じだよね。そもそもサカナって水の中にいるんじゃないの？　蚊って潜れるの？　正常な感覚の持ち主なら普通そう思うはず。でもね、いるんですよね。この地球上には。そういう不可思議なことをやってのける生き物が。正確にいうと、蚊は幼虫とサナギ時代は普通に水中で泳ぐんだけど、羽化して成虫になっちゃうと、もう、潜れないのです。一度身に着けた特技を失うなんて、もったいないことよね。蚊が潜れないとなると、サカナを吸う機会はこれしかありません。そう、陸に上がってくるサカナを狙って、蚊が血を吸いにくるのです。代表的なものとして干潟などにいるハゼの仲間といえば、はっはーんとわかってもらえるんじゃないかしら。蚊がサカナから血を吸うのが初めて確認されたのは今から50年以上も前の南太平洋ソロモン諸島というところ。海岸沿いのマングローブ林に生息するトビハゼを吸血するソロモン

カニアナヤブカ（Aedes longiforceps）が記録されました。この発見者って、鳴き声を頼りにカエルを吸血する昆虫を観察した研究者と同じように暇人だったのかしらね。でね、この話にむむって反応した日本人研究者がいました。どっかで聞いたことある？　そう、カエルの話にむむむってなったM先生がサカナと蚊の話にもピンっときちゃったのです。というのも、ソロモン諸島でサカナから吸血するソロモンカニアナヤブカの仲間のカニアナヤブカが日本の沖縄県に生息しているんだけど、幼虫の生息環境もソロモンと同じようなマングローブ林内のアナジャコの巣穴にたまる水たまりだし、トビハゼもいるしで、ソロモンと沖縄県で条件がかぶりまくっていたの。そこで、アナジャコの巣穴で休んでいるカニアナヤブカのメス成虫を採集して、同じくその近くで休んでいるトビハゼを捕獲して同じケージに入れたら、見事、カニアナヤブカがトビハゼを吸血するシーンが観察されたというわけ。その後、野外で採集してきたカニアナヤブカの血液のＤＮＡでもトビハゼが確認できたのよ。生き物の世界はとてもすてきだけど、そこに目をつける人間がいなきゃ、わたしたちはこんなおもしろい話を知ることができないのよね。とにかくすべてがぶらぼー！

（ぶん子）

アリから栄養分をもらう蚊

吸血ではないけど吸います。

登場する蚊

オキナワカギカ▸p.114

ぶん子がとってもかわいかった学生時代のころの話にさかのぼるわね。ぶん子ファンにおなじみのM先生に連れられて蚊の幼虫採集に行きました。でね、そのときにわかってしまったの。ぶん子の目が節穴だってことが。蚊の幼虫ってね、こんなところに?っていうところにけっこういたりするのです。M先生に教えてもらわなきゃ、ぶん子じゃまったく気がつかない水たまりばかりだったわ。

そのなかのひとつがクワズイモの葉っぱの付け根にたまる水たまり。サトイモに似ているんだけど、食べられないのでクワズイモっていわれています。地面の上に出ている葉っぱの根本にピペットを突っ込んでみたら、水が入っていて、しかも蚊の幼虫がウジャウジャ!　あまり動かないけど、動くときはぴょんぴょん泳いでそれはそれは愛嬌のある幼虫でした。それを持ち帰って、ぶん子は大切に育てました。他の蚊に比べて成長がゆっくり。1カ月くらいたったときかな、ようやく成虫になったんだけど、すっごい変な口をしていてびっくり。普通、成虫の口ってまっすぐなんだけど、クワズイモの蚊は口の先3分の1くらいのところがぷっくり膨れて毛むくじゃら。口以外の体にはシルバーのキラキラした模様入り。きれいでうっとりしち

ゃった。成虫も育てようと他の蚊と同じように砂糖水をあげてみたんだけど、1日もしないうちに死んじゃうの。悲しいったらありゃしない。当時、ぺーぺーのぶん子はわからなかったんだけど、クワズイモの蚊は他の蚊と違って、花の蜜や吸血などで栄養分を採るんじゃなくて、シリアゲアリの口に自分の口をくっつけて、アリから栄養をもらう種類だったの。ぷっくり膨れた毛むくじゃらの口はアリから栄養をもらうために適応した口だったみたい。だから、ぶん子が心を込めてあげた砂糖水が飲めなかったのね。アリからもらう栄養分で生きていて、卵も作っているそうです。産卵のためだけではないので、オスもアリから栄養分をもらっています。日本にいるクワズイモの蚊はオキナワカギカといって、琉球列島にしかいないの。クワズイモは琉球列島のあちこちに生えていて、オキナワカギカの幼虫もクワズイモの葉の付け根からたくさん見つかるし、シリアゲアリもいるんだけど、オキナワカギカとシリアゲアリの口移しシーンを見ることがほんとに難しくて、世界でも数例しか目撃情報がないの。残念ながらぶん子もまだお目にかかったことありません。もし、そんな奇跡のシーンを目撃することができたあなた。ぜひ、ぶん子に教えてちょうだい！

（ぶん子）

蚊を食べる蚊

血は吸わないけど仲間を食べます。

登場する蚊
オオカ属▸p.120（トワダオオカ）

わたしのなかで一、二を争う美しい蚊、それはオオカです！オオカ属は体が大きくて、成虫はヒトスジシマカの2～3倍。幼虫のサイズも、ヒトスジシマカの長さが爪楊枝くらいだとすると、オオカの幼虫の長さはボールペンくらい。大きいでしょ。凛とした風貌のみならず、生き様もミステリアスで魅力的なんです。蚊の幼虫はご存じの通り、水中で生活しています。オオカの場合、森林内の樹洞の水たまりなど、住まいもナチュラル志向ですてき。オオクロヤブカの成虫もオオカ同様、堂々とした風格で黒のボディラインはすてきだけど、どうもお住まいが、いまひとつついただけない。オオクロヤブカは汚れた水好みなので、性格が歪んでいるのかと思ってしまう。

そんなオオクロヤブカとは異なりオオカは、動物を吸血しません。オオカの成虫は、花の蜜や樹液を吸い、血を吸わないでも卵を産めます。そんな蚊を「無吸血産卵性蚊」と呼ぶんだけどね、それなら、なぜ他の蚊もそうしてくれないかと思うところですよね。やっぱり血から採れる栄養分にはかなわないのでしょうね。そうそう簡単にオオカ様のようには生きられないということなんです。

そして、このオオカ様、幼虫のときは、同じ水中に住む他の

蚊の幼虫を食べてしまいます。ぶん子の愛するM先生の実験では、オオカの幼虫1匹は15日間でおおよそ4000匹のヒトスジシマカの幼虫を食べてしまったそう。人にやさしいオオカは、他の蚊には厳しい！　サナギになる直前の2日間くらいは、食べるわけではないのに、片っ端から他の幼虫をくわえて殺しちゃう。わたしの尊敬するK先生は、これを殺し屋稼業と表現していたけど、人はそんなオオカの性格を利用して、病気を運ぶ蚊の幼虫を食べてもらって、成虫の発生を抑えようと考えたこともあったんです。もともと生息していない土地にオオカを持ち込んだ記録がハワイや沖縄であります。「天敵利用」とか「生物防除」という方法ね。

　オオカの他にも蚊の幼虫を食べる蚊の幼虫がいて、それは「蚊を食べる蚊」という名前までいただいたカクイカです。でもこちらは成虫になると卵を産むために血を必要とします。体はオオカに比べると小さいので、食べる幼虫の数も少ないけど、幼虫が少なくなると共食いを始めるから、みんなに「獰猛だ」って言われているの。体が小さい分、果敢に挑む気持ちはわかるけど、やはり美しい姿かたちと、独特な生き方ではオオカに軍配が上がるっていうものよ。

（かのこ）

世界を旅する蚊

乾燥に超強い卵が強みです。

登場する蚊

ヒトスジシマカ▸p.64

世界を旅するなんてなんて優雅ですてきなの。旅好きのぶん子からしたらうらやましすぎる話よ。みんな、ヒトスジシマカって知ってる？　夏になると家の庭先で刺しにくるあの黒と白のシマ縞模様の蚊。あの蚊ね、ドMなの。じりじり日光が照りつけて水が干上がっても卵が乾燥に耐えてしまいます。ぶん子だったら、すぐに木陰に避難して、冷たい飲み物をぐびぐび飲んじゃう。ヒトスジシマカの卵は乾燥しても少なくとも1カ月は生きているから、その間に卵がついている人工容器がいろんなところに運ばれちゃって、運ばれた先で雨が降ると、「待ってました」とばかりに卵から幼虫が孵化しちゃうのよ。で、そこでまた繁殖できるというわけ。土地の他の種類の蚊を押しのけて、ガンガン増えるので、そこはドSといえるわね。どっちかはっきりしてほしいわ。でないと、ぶん子のドSキャラとかぶっちゃう。

ヒトスジシマカはね、もともとは日本をはじめアジアが故郷の蚊なんだけど、1970年代後半から、まずはヨーロッパに進出。あまりにうまくいきすぎちゃったからかしら、80年代にはアメリカへ。どんな方法を使ったと思う？　古タイヤって知ってるよね？　よく道路脇を見ると、転がっていたりするあれ。

それに水がたまっているときに産み付けられた卵が、乾燥して水がなくなった後もタイヤの中でじっと生きていて、貿易で他の国に運ばれちゃうというわけ。ヒトスジシマカってデング熱っていう病気のウイルスを運ぶことで有名だから、危機感を感じた米国の研究者がそのヒトスジシマカがどこの国から来たか調査に乗り出した結果、なんと日本から運ばれてきた可能性が高いことが判明したの。日本のヒトスジシマカの卵は寒い冬でも乗り越えられる休眠性という性質をもっているので（ドМね）、同じく雪が降るような温帯地域でも繁殖できるというわけなの。ドМとドSをうまく使い分けちゃってるわよね。その後、アメリカからまた貿易を通じて世界中のいろんな国へ運ばれて、現在は、南極を除いた4大陸を制覇しちゃった。

ヒトスジシマカに先駆けて大航海時代（16世紀から18世紀にかけて）に人間と一緒に世界を旅した蚊といえばネッタイシマカ。故郷アフリカから船に積んでいる飲み水の樽にのっかって、これまた世界中の熱帯地域に運ばれたの。日本にも入ってきたけど、気候が合わなくて、絶滅よ。それにしても、両種とも無賃乗車で世界中を旅しているの。ちゃっかりしてるわね。

（ぶん子）

蚊の吸血源を調べる

あの映画の真実を暴く!

登場する蚊
オオカ属▸p.120（トワダオオカ）

血を吸ってパンパンにお腹が膨れた蚊を見たことある？　何から血を吸ったかわからない蚊に遭遇するとき、ぶん子は思うわけです、なんの動物の血なのかしら？ってね。で、いったん話をおきます（おいっ）。

1983年に公開されたジュラシックパークっていう映画を知ってるかしら？　生きた恐竜の展示を可能にした恐竜動物園のお話よ。その映画では生きた恐竜を得るために、ジュラ紀に血を吸ったと思われる蚊の化石を使ったの。蚊のお腹の中の血液から恐竜のDNAを取り出して、それを最新の技術を駆使して恐竜をよみがえらせたというわけなの。はい、ここで、最初の話に戻る！　実は、吸血した蚊の血液のDNAをとって、なんの血を吸ったか実際に調べた研究があるのよ。映画の話は夢物語じゃなかったの。なんか、とてもロマンを感じるわよね。

なにを隠そう、蚊の世界的研究者のぶん子がまだ駆け出しだったころに動物園で蚊を採集して、いろんな蚊が何の動物の血を吸っているのか、調べたことがあるのよ。どうして、蚊が何の動物の血を吸っているか調べる必要があるのかって？　蚊って血を吸うときに動物の病原体を取り込んで、蚊の体の中で病原体を増やすの。次に吸血するときに別の動物に病気をうつしち

ゃうというわけ。人間の病気もあるし、牛、豚、馬などの家畜の病気、鳥類やカエルの病気のいくつかも蚊がうつすのよ。だから、病気の対策のためにはいろんな蚊がどんな動物を吸っているか知っておくことはとても重要なのよ。だって、人間から吸血しない蚊に対しては対策の優先順位は低いでしょう？ 目的の動物を吸う蚊に的を絞ればいいから、効果的な対策ができるというわけ。昔は、血液中のタンパク成分に対する抗体を使って動物の種類を見分ける方法があったんだけど、動物ごとに抗体を準備しないといけなかったので、市販の抗体が売られていない野生動物について調べたい場合はとても大変だったの。DNAを利用する方法はとても画期的なのよ。ちなみに、蚊によって、血を吸う動物がある程度決まっているからね。

ここからは、内緒の話。映画ジュラシックパークで恐竜のDNAを採取するために使った化石の蚊は、触角をみるとオスで、下にグイッと曲がる口吻からしてオオカでした。蚊って卵を作るために血を吸うので、オスって吸血しないのよね。おまけに、オオカって花の蜜だけで卵を作ることができる珍しい種類で、メスも動物の血を吸わないのよ。監督さん、そこんとこ、ぶん子に聞いてくれたらよかったのに。

（ぶん子）

オオカのマタニティダンス

トンボのように産卵する蚊。

登場する蚊
トワダオオカ▸p.120

虫好きな皆さんはもちろんトンボって知ってますよね。夏に池の周りを飛んでいたり、プールの水面近くに群れていたり。秋には水田一面に真っ赤なトンボが飛んでいるのなんか、なんともいい風景ですね。さて、トンボと蚊と何が関係あるのか？って声が聞こえてきそうですが、まあ、ちょっと聞いてください。これからお話しましょう。

トンボのように大きな蚊にオオカという種類がいます。トンボのサイズの蚊がいるんだって⁉　いやいや少し盛りすぎですが、それでもとても蚊とは思えない程に大きな蚊がいるんです。たとえば、トワダオオカ。翅の長さは約10ミリ、体長は平均10〜13ミリ（最大18〜20ミリという情報も）、蚊の中では最大の種類だそう（ちなみにヒトスジシマカの体長は4・5ミリ、ちっさい！）。この大きな蚊に刺されるとどれだけ痛いんだろう！　想像するだけでもぞっとしますよね。でも安心してください！　オオカと名がつく蚊はぜ〜んぶ、吸血はしないんですよ。もちろん、オスもメスも。

大柄な蚊、吸血しない蚊、幼虫のときにボウフラ（蚊の幼虫）を食べる蚊。皆さんがよく知っている蚊とは、かなり違う特徴がありますね。このオオカのメスは、産卵する際に水面の上の

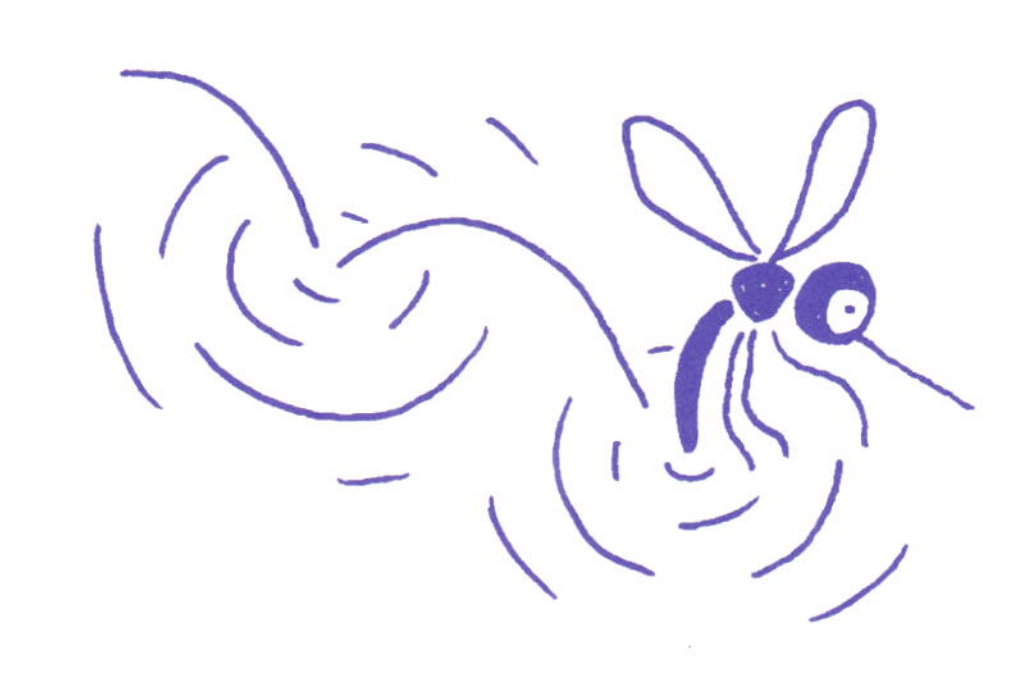

空中で止まったり（ホバリング）、飛んだりしながら、卵を落とす場所を探します。ホバリングしながら産むのによさそうな場所を見つけると、お尻を水面にチョンチョンと付けて、水と一緒に白っぽい、大きな卵を一個ずつ水面に飛ばして産み落とします。これがオオカのマタニティダンス。なんとも優雅でかっこいいですね。ヘリコプターのように空中で静止することをホバリングといいますが、昆虫は翅を動かして体の下に空気の渦を作ることで静止することができるんですって。鳥や昆虫のホバリングはいくつかの種類で知られていますが、その中でもトンボがいちばん有名なんですよ。プールや水田、そうそう、学校のビオトープにもヤゴ（トンボの幼虫）がいますね。そんなところでトンボを見かけたら、まずはそっと観察してみましょう。おそらく皆さんが住んでいるところでは、オオカと遭遇することはまずなくて、マタニティダンスを見ることもないかもしれません。実は、そういうわたしも実験室の中でしか見たことないんですよね。

さて、トンボとオオカが似ていることはわかってもらえたでしょうか。では、大きなオオカのマタニティダンスを想像してみましょう。

（もなか姉さん）

蚊の胃はふたつある

主食用と血液用とダブルで消化。

牛の胃袋は4つあるっていいますよね。蚊も負けてはいませんよ。あんなに小さな体に2つの胃をもっているんですよ。「え？　蚊って胃があるの？」って、いま思いました？　私も最初に見たときは、「なに？この膨らんでいるところは？」って思いましたよ。それでは、ご説明しましょう。口から肛門までの一本の管を想像してください。それをざっくり均等に3つに分けてみてください。口のほうから、前腸、中腸、後腸と呼びます。前腸には口から始まって、唾液腺、食道があって、前腸の後ろのほうで中腸のちょっと手前から最初の胃が出てます。「腹側吸胃」とか呼ばれているんですけどね。蚊の主食である花の蜜や樹液をいただいたときは、この最初の胃を使うんですよ。「甘いものは別腹」っていうけど、まさしくそんな感じです。そして、2つ目の胃は、中腸にあります。血をいただいたときは、この2つ目の胃の出番です。血の栄養分を消化して卵を育てるために使われています。

ちょっと話は変わるけど、「どうして血じゃないと卵は作れないの？」という永遠のテーマに取り組んだ大先輩研究者のお話を紹介しましょう。私が勝手に「永遠のテーマ」って思っているだけですけどね。だって血じゃなくても、他の栄養、たと

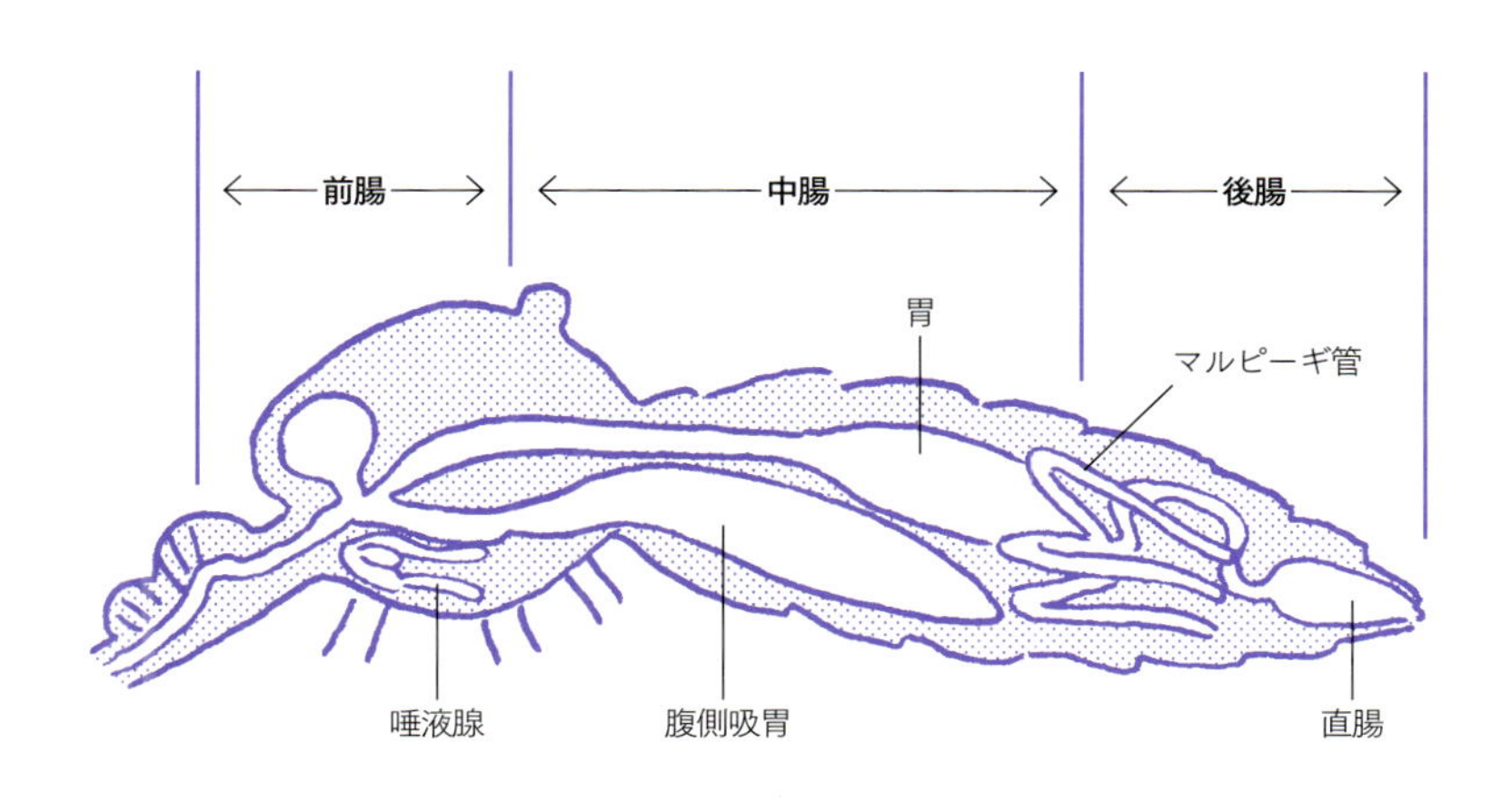

えば、タンパク質いっぱいの蜜とかで卵が育つなら、家の周りにその蜜をいっぱい置いておくとか、体にぶら下げて歩くとかすれば、蚊に刺される確率が下がると思いません？　蚊を退治するのではなく、共存を目指せるじゃないですか。話を戻しましょう。「血じゃなきゃダメなの？」と思った大先輩研究者たちは、２つ目の胃にいろいろな栄養素を入れて、卵ができるかどうか試そうとしたんだって。でも、口から入れると、うっかり最初の胃に入っちゃってうまくいかない。それで、肛門から入れたら確実に胃に入って実験ができたそうです。イメージは浣腸ですね。２つ目の胃は、後腸にある直腸と肛門につながっていますからね。食べ物を肛門から入れるって……蚊もびっくりしたことでしょうね。結果は、卵が作れそうになったりならなかったり、いろいろだったけど、今のところ、やっぱり血にかなう特別な栄養はないみたいです。

おまけ情報。中腸と後腸の間から細い管がうにょうにょって５本くらい出ていて、「何これ？」って思うけど、マルピーギ管っていって、体の中の老廃物を吸収して尿として排出するためのもの。小さい体なのに、よくできてるなと感心です。私の第２の胃、別腹はなくなってほしいわ。

（かのこ）

子どもも喜ぶ!?　蚊の人類貢献!

痛くない注射針

チクっとする注射は誰だって嫌いです。病気を治すため、予防するためとわかってはいるけど、できれば避けたいですよね。健康のためなんて理解できない赤ちゃんは泣いちゃいます。みんなが望む痛くない注射針の開発に、みんなは嫌いかもしれない蚊が一役買っているんです。蚊に刺されても気がつかない人、多いですよね。そんな神業的な蚊が血を吸う仕組みを詳しく見ていきましょう。

血を吸う長い口を口吻といいますが、1本の針に見えて、実は7本の針から成り立っています。上唇、2本の大顎、下咽頭、2本の小顎、そして下唇の7本です。血を吸い上げるストローの役割をするのが上唇で、その上唇を大顎と下咽頭で支えて1本の管のようになっています。この管を2本の小顎が両側から挟み、交互に小刻みに上下させてストローとなる管が皮膚にすーっと入るように誘導します。誘導係の小顎の形がポイントです。側面がのこぎりのようにギザギザになっているため、ギザギザの先にしか皮膚が触れず抵抗が少なく痛みが抑えられるのです。このギザギザ構造は、毎日血糖値を測らなければならない糖尿病患者のための注射針に応用されています。ちなみに下咽頭からは麻酔成分と血が固まらない成分を出しています。下唇は、髪の毛よりずっと細い上唇、小顎を保護する役割があります。小さな体にすごいメカニズムが備えられているんです。

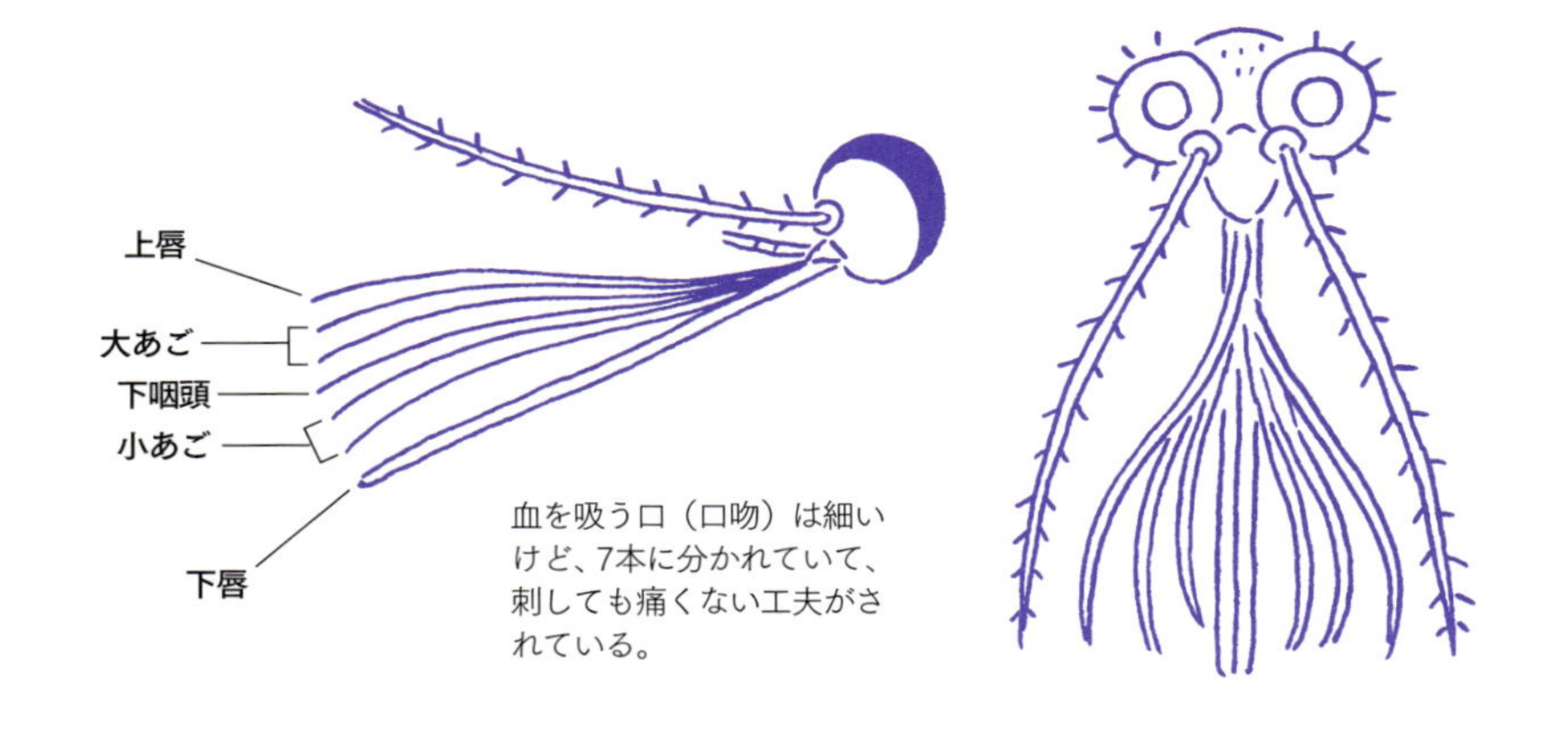

血を吸う口（口吻）は細いけど、7本に分かれていて、刺しても痛くない工夫がされている。

第3章 蚊のかたちを知る

蚊のかたち 成虫

翅が2枚だから双翅目と呼ばれていたのは今は昔…。

目の前をぷ〜んと飛んでいる蚊っぽい虫がいると、よ〜く観察しないで「あっ、蚊が飛んでる」と言っていませんか？ それ、本当に「蚊」かな？ 蚊の名誉のために、蚊と間違えられちゃう昆虫の名誉のために、「蚊」を見分けるポイントを見ていきましょう。

ポイント① 翅が2枚ある

2枚の翅をもつ昆虫のグループをハエ目っていうんだけど、蚊は分類学でいうとハエ目に入ります。ハエやアブも同じグループ。

ポイント② 頭の先に針のような長い吻（ふん）をもっている

昆虫の口は、「かむ」「なめる」「吸う」「刺す」と、食事の方法によって、いろんな形をしてますよね。あごが発達していて、葉っぱなどを「かむ」口をもつバッタ、「なめる」口をもつのはハエ、ストローのような「吸う」口をもつのはチョウやガ。そして、蚊は「吻」と呼ばれる長い針のような「刺す」ための口をもっているのが特徴です。

この2つのポイントでほぼ「蚊」で間違いないけど、「君、すごいね」と言われるために、あと2つの特徴を見ていきましょう。

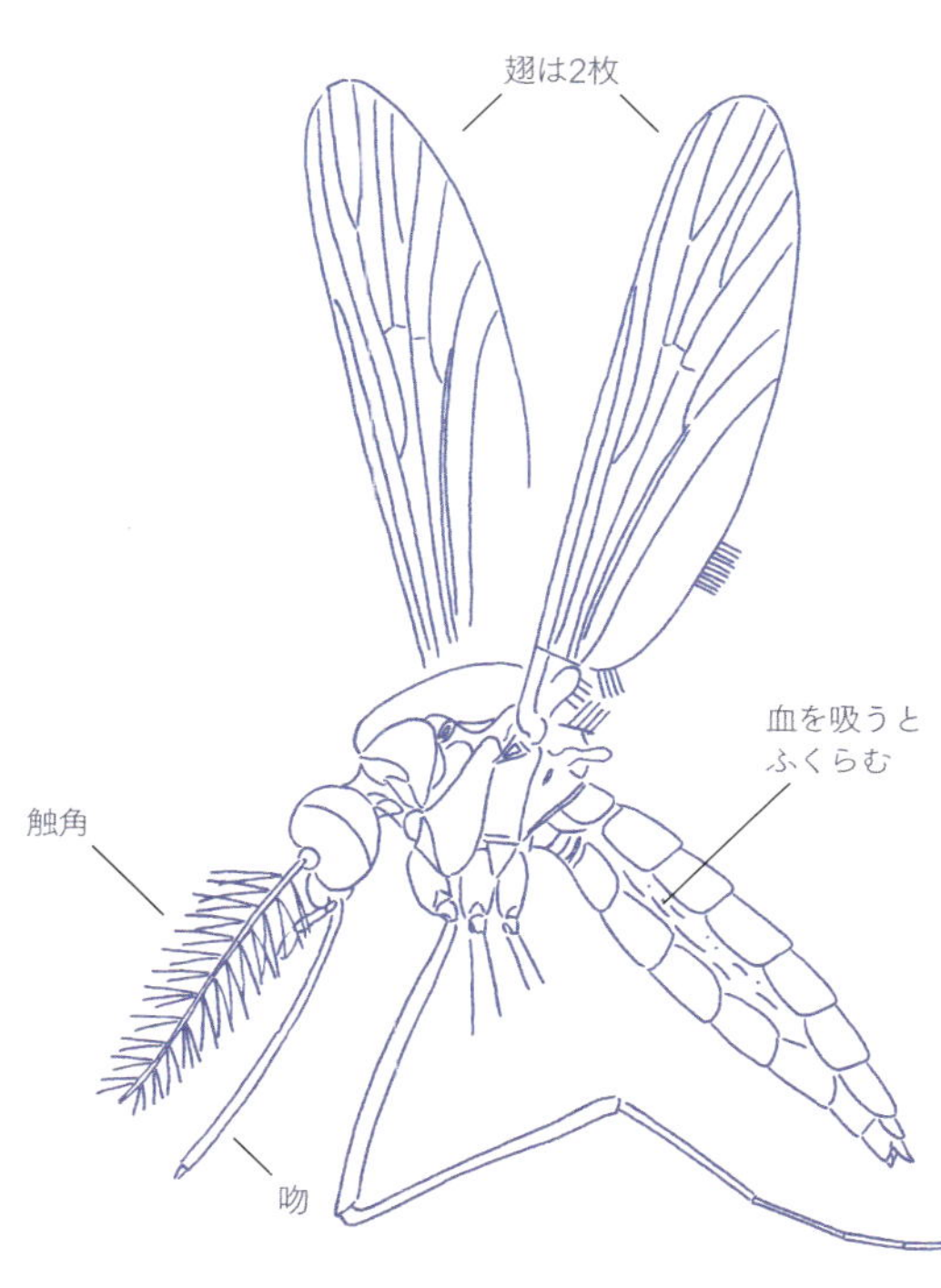

ポイント③　触角の節の数が13節以上ある

翅が2枚ある昆虫「ハエ目」は、触角の形でざっくり「長角亜目」と「短角亜目」に分かれているんだけど、蚊は「長角亜目」で、触角が長いのが特徴です。「短角亜目」にはアブとかハエがいます。

ポイント④　翅に鱗片がある

小さな小さな魚のうろこのような鱗片(りんぺん)が翅についてます。よく見てみると、鱗片もうろこのような形のものと、ちょっと細長くてとがっている形のものがあります。たぶん、みんながよく間違えるのは、蚊と同じハエ目で長角亜目（または糸角亜目）のガガンボとかユスリカだと思うんだけど、彼らは人を刺したりしないから、長い吻もないし、翅にはうろこがなくて透明です。

プラスアルファ　オスとメスの違い

いちばんわかりやすいのは、触角です。ふさふさしているのがオスで、ふさふさしていないのがメス。オスの触角が鳥の羽毛みたいにふさふさしているのは、メスを見つけるために触角の面積を広げて、感覚を研ぎ澄ませているからなんだとか。すてきです。

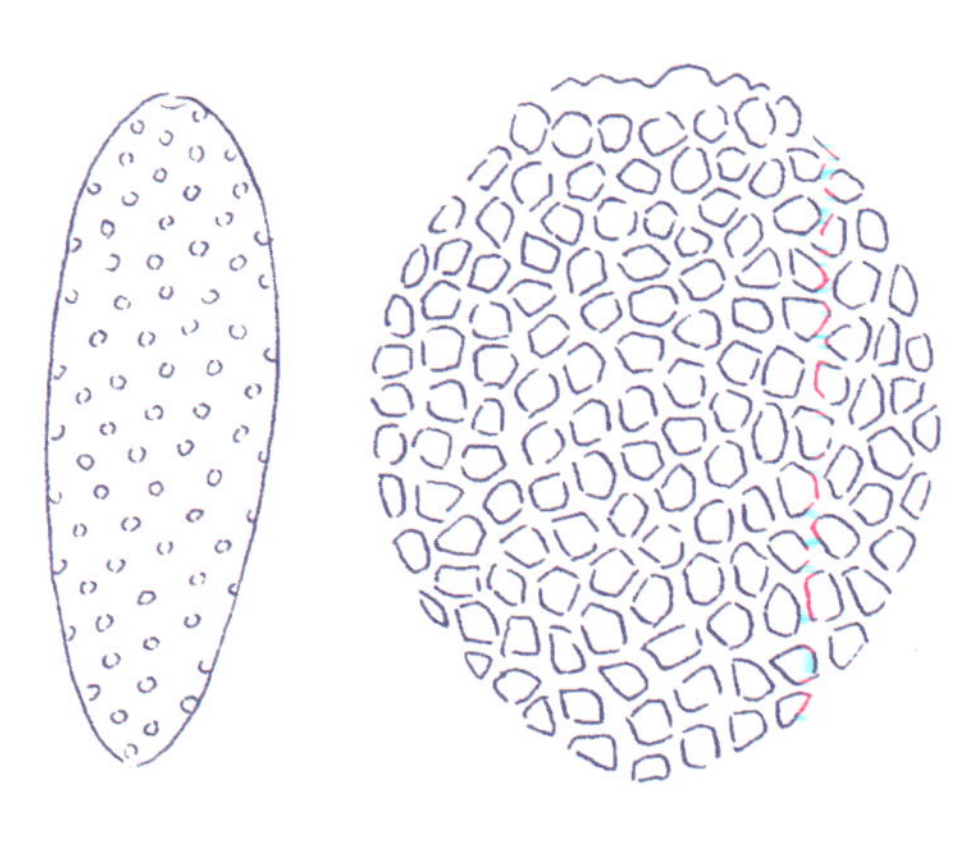

卵のかたち
大きく分けて丸いものと細長いものがある。
種類によって異なるが約1ミリ弱ぐらい。

蚊のかたち 卵

水に産みつけられるゆりかご

蚊の卵は、1ミリほどで、ラグビーボールのような楕円形や、手りゅう弾みたいな形、水を含んだインディカ米のような形など、いろいろあるけど、ここでは蚊の御三家（?）、イエカ属、ヤブカ属、ハマダラカ属の卵をおさえておきましょう。

イエカ属

産卵準備ができたメスは、水面に降りてきて、お尻の先から白い卵を一粒ずつ産んでいきます。それを次々と押しやって卵の塊を作っていくというとっても几帳面な産卵法です。この卵の塊は、そのまま「卵塊（らんかい）」と呼ぶんだけど、その塊が舟のような形をしているから、「卵舟（らんしゅう）」とも呼ばれています。出来たての卵塊は白いけど、しばらくすると黒くなるんです。だいたい数十から数百の卵が黒くてひとかたまりになって水面に浮いていて、比較的見つけやすいので、みなさんも探してみてください。2日もすると、黒い卵塊の色が少し薄くなって、中に幼虫の目がちょんちょんと見えるのがとっても愛らしく、虜になること間違いなしです。

卵の表面がイラストのようにぶつぶつしているのは、卵同士、または産みつける素材にうまくくっつくために、役立っている

イエカ属の卵塊。ひとつにかたまっている。

ハマダラカ属の卵の拡大図。うき輪がついて水面を浮遊する。

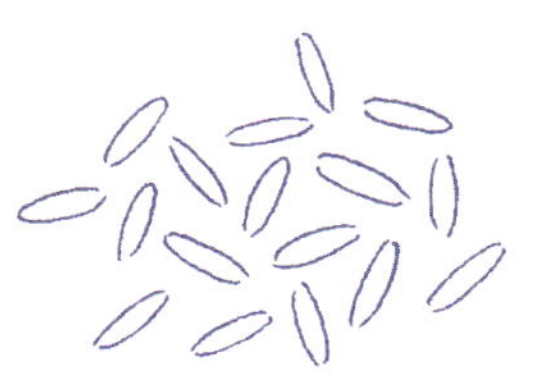

ヤブカ属の卵。ばらばらになってる。

ようです。ヤブカの卵も同じです。

ヤブカ属

ヤブカ属は、イエカ属のように塊を作らず、卵を一粒ずつバラバラに産みます。ヤブカ属は、木にできた隙間や、林の中のちょっとした水たまり、植木鉢の受け皿など、狭いところに産卵するのがお好みのようなので、一粒ずつバラバラに産むほうが都合いいんでしょうね。そんな狭い場所は水がなくなってしまって干上がる可能性があるから、ヤブカ属の卵は乾燥に強いんです。卵が乾燥してしまっても、幼虫が成長できる水が再び与えられるとちゃんと孵化します。もし、皆さんの家の周りで、ヒトスジシマカにお困りなら、家の周りのちょっとした水たまりをのぞいてみてください。

ハマダラカ属

卵を一粒ずつ産むけど、乾燥には強くない。大きな水源に産み、卵は乾燥すると死んでしまいます。ハマダラカ属の卵の大きな特徴は、水面に浮きやすいようにひとつひとつの卵に「浮嚢（うき）」と呼ばれる浮き輪のようなものがついていることです。

蚊のかたち 幼虫

ボウフラはお尻にある管で息をする。

蚊の幼虫は水の中で成長します。水面に卵を産みつけるので、当たり前といえば当たり前ですね。蚊の幼虫は、水の中で棒が振れるように見えるから、「棒振り」→「ボウフラ」というようですが、棒というのは、どうかな?というくらい、体をくねくねさせながら水の中を動きます。そんな幼虫はとにかくかわいい。動きもかわいらしいが顔がなんとも愛くるしい。種によって表情が違うので、いつまでも見てられます。幼虫のプロ? になると、幼虫の姿かたちからだけではなく、水の底に沈んでいく動きで、どんな種類の蚊か、だいたい予想ができるようになるらしいのですが、ちょっとそれは難しいので、御三家プラス、ヌマカ属の幼虫の違いをみていきましょう。

イエカ属

お尻の先に、呼吸管と呼ばれる細長い管がついていて、その管を水面につけて呼吸しています。お尻が水面についているということは、頭が下で逆さまになってふらふらしてます。

ヤブカ属

お尻の先の呼吸管が、イエカ属よりちょっと短いのが特徴。

ハマダラカ属の幼虫

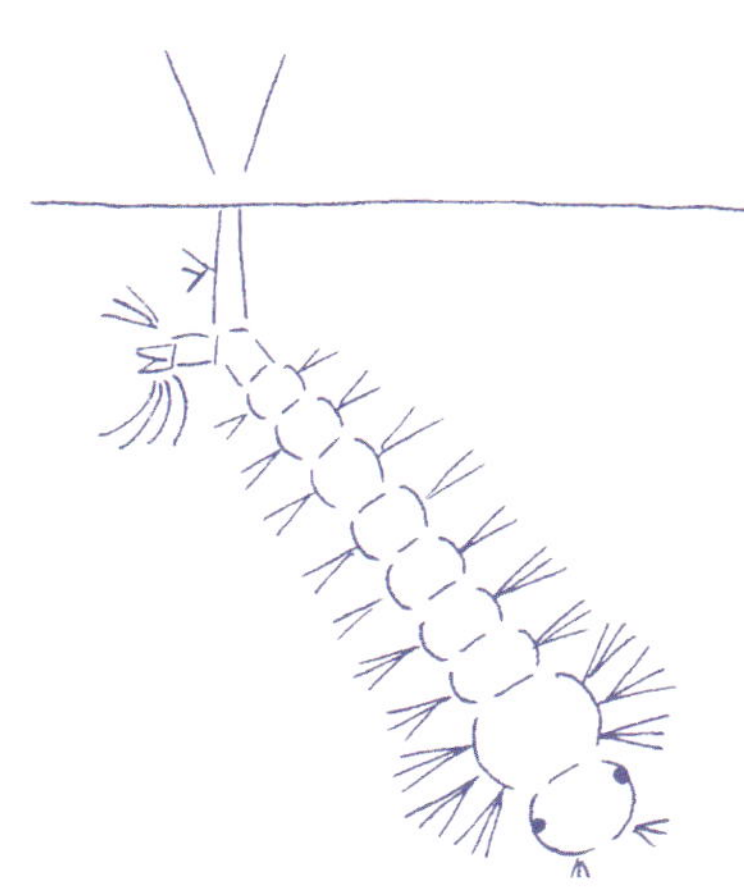
イエカ属やヤブカ属の幼虫

こちらも、呼吸管を水面に出すために逆さまになっています。

ハマダラカ属

イエカ属やヤブカ属のような呼吸管をもたず、お尻側のほうの背中に気管がついているので、背中全面を水面に平行になるようにつけて呼吸します。

ヌマカ属

水面から空気を直接とり込まず、鋭くとがっている呼吸管を、水生植物の根に差し込み、根の中を通っている空気をいただきます。呼吸管はなにかに差し込まないと先が開かないそう。

卵から孵化したばかりの幼虫は、1齢幼虫といわれ、1回脱皮して、2齢幼虫になり、もう1回脱皮して、3齢幼虫、そしてまたまた脱皮して4齢幼虫になります。水中の微生物や有機物、コケなんかを食べて、脱皮するごとに体はぐんぐん大きくなります。4回目の脱皮でサナギになります。

蚊のかたち サナギ

ピンピン動く「,」はサナギです!

サナギはやはり幼虫と同じ水の中で過ごします。かたちはコンマ「,」のような（ベルがつぶれた金管楽器のホルンのような形?）、コンマ型の丸いところに、2本の角のような呼吸管があるので、「オニボウフラ」などとも呼ばれています。ひどい……。サナギのかたちは、種によって大きな違いが見られず、みんなそろってコンマです。オスとメスの区別はできます。腹部末端、エビのしっぽのようなヒレの付け根のところが違います。

蚊のサナギは、他の昆虫のサナギとは違って、動くんです。エビのようにぴょんぴょん、とても活発に動きます。でも、口がないので、食事はしません。最初は白っぽいサナギも徐々に黒色になってきて、背中側がパッカリ割れて、中から成虫の頭が現われます。先に羽化するのはオス。これから羽化してくるメスを待っているなんて紳士的です。

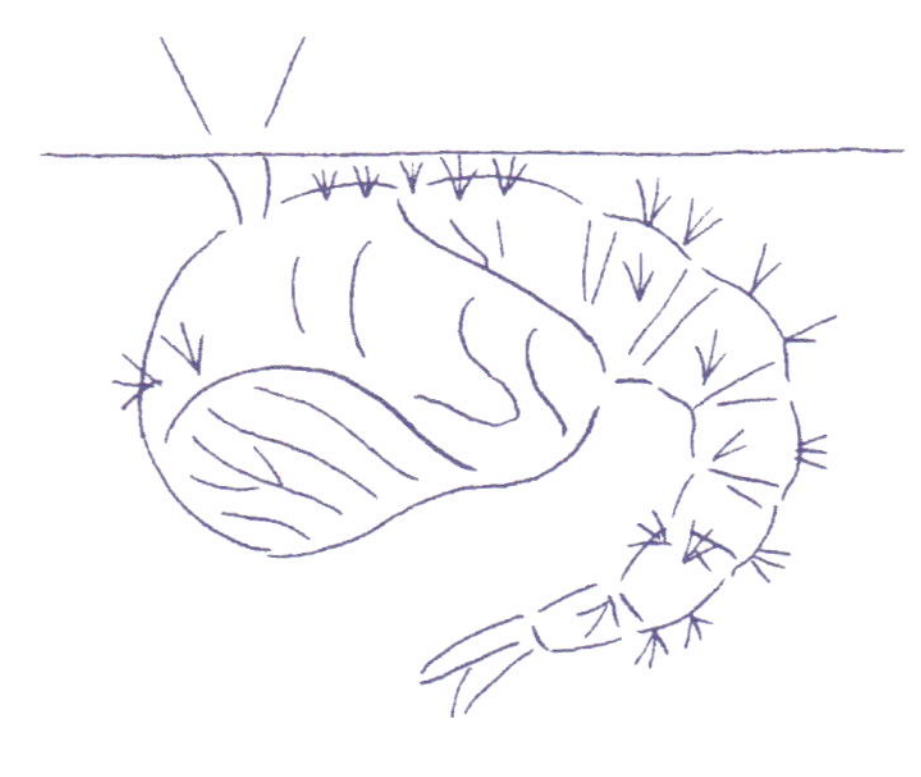

普通、動かないと思われがちだがよく動く蚊のサナギ。

愛と偏りの蚊図鑑

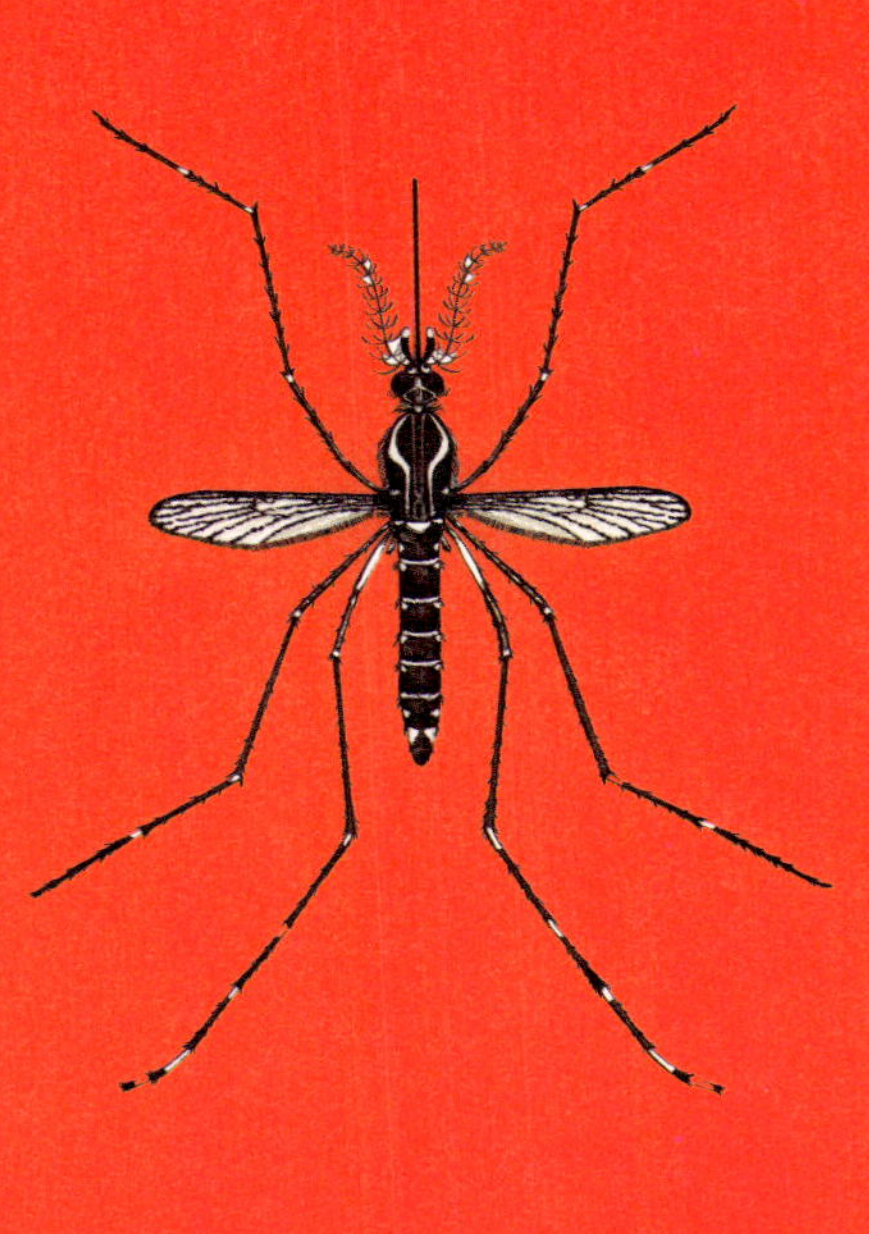

今日、あなたが会うかもしれない蚊

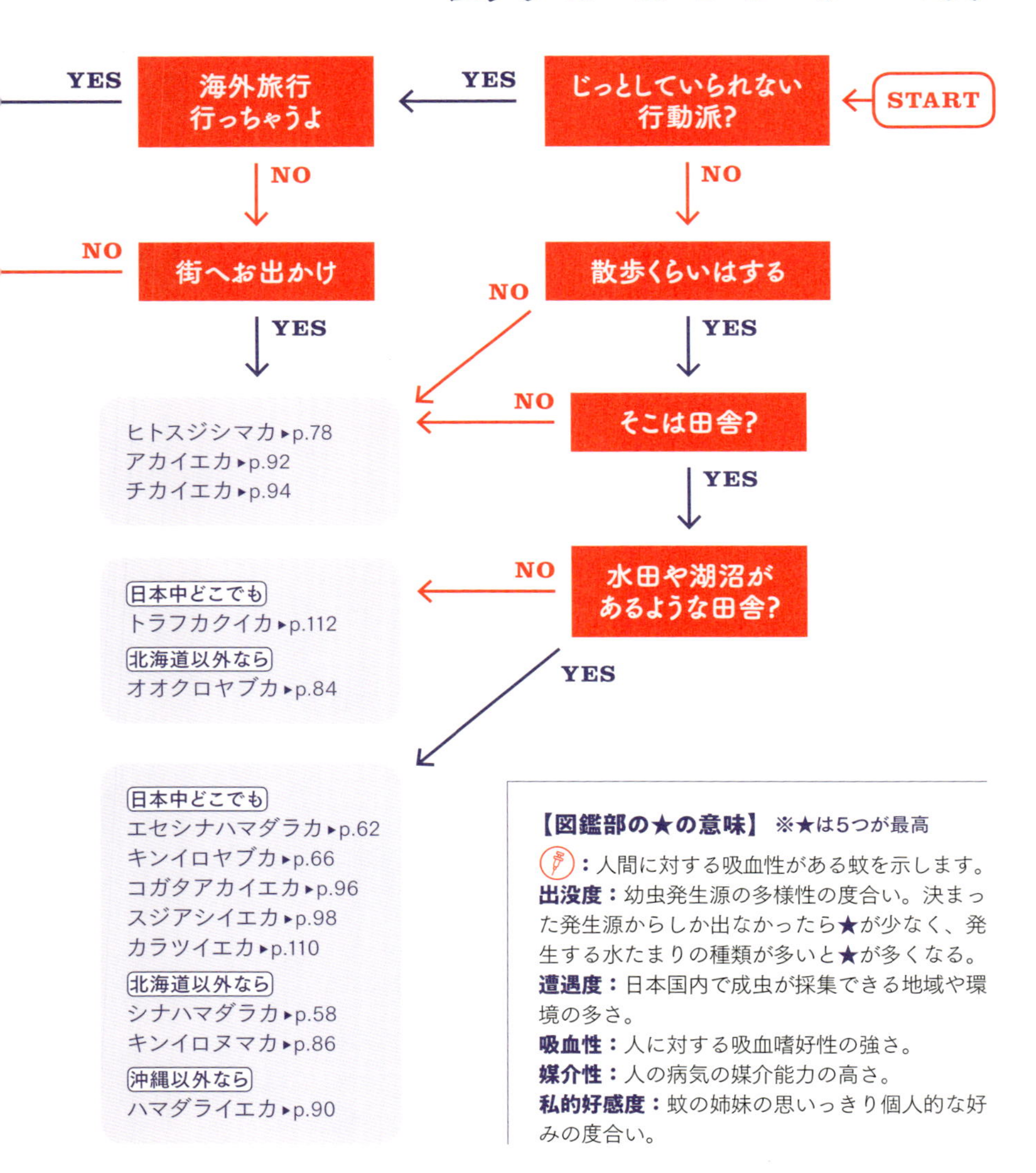

【図鑑部の★の意味】 ※★は5つが最高

：人間に対する吸血性がある蚊を示します。

出没度：幼虫発生源の多様性の度合い。決まった発生源からしか出なかったら★が少なく、発生する水たまりの種類が多いと★が多くなる。

遭遇度：日本国内で成虫が採集できる地域や環境の多さ。

吸血性：人に対する吸血嗜好性の強さ。

媒介性：人の病気の媒介能力の高さ。

私的好感度：蚊の姉妹の思いっきり個人的な好みの度合い。

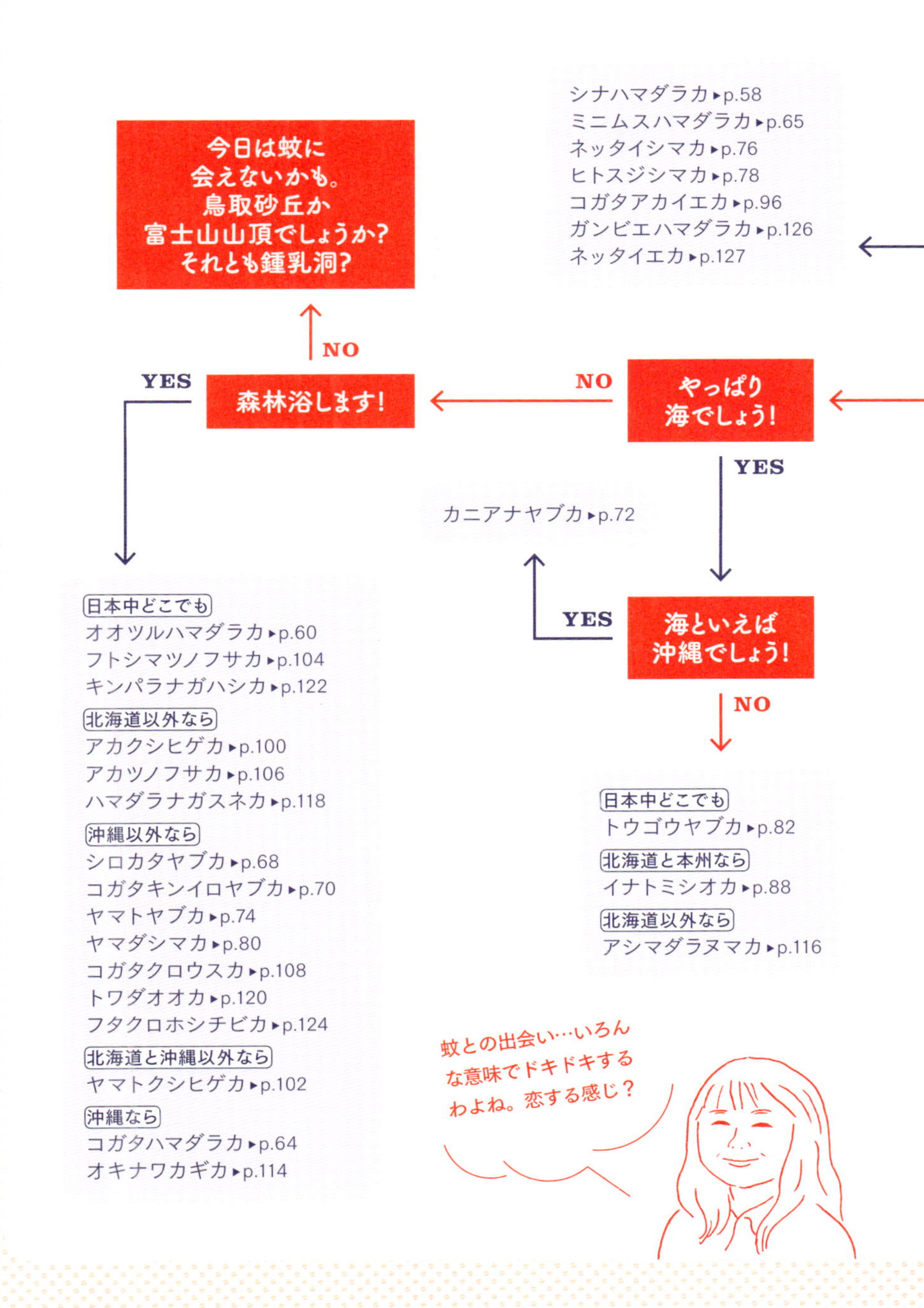
シナハマダラカ▸p.58
ミニムスハマダラカ▸p.65
ネッタイシマカ▸p.76
ヒトスジシマカ▸p.78
コガタアカイエカ▸p.96
ガンビエハマダラカ▸p.126
ネッタイエカ▸p.127
今日は蚊に
会えないかも。
鳥取砂丘か
富士山山頂でしょうか?
それとも鍾乳洞?
NO
YES
森林浴します!
NO
やっぱり
海でしょう!
YES
カニアナヤブカ▸p.72
YES
海といえば
沖縄でしょう!
NO
日本中どこでも
オオツルハマダラカ▸p.60
フトシマツノフサカ▸p.104
キンパラナガハシカ▸p.122
北海道以外なら
アカクシヒゲカ▸p.100
アカツノフサカ▸p.106
ハマダラナガスネカ▸p.118
沖縄以外なら
シロカタヤブカ▸p.68
コガタキンイロヤブカ▸p.70
ヤマトヤブカ▸p.74
ヤマダシマカ▸p.80
コガタクロウスカ▸p.108
トワダオオカ▸p.120
フタクロホシチビカ▸p.124
北海道と沖縄以外なら
ヤマトクシヒゲカ▸p.102
沖縄なら
コガタハマダラカ▸p.64
オキナワカギカ▸p.114
日本中どこでも
トウゴウヤブカ▸p.82
北海道と本州なら
イナトミシオカ▸p.88
北海道以外なら
アシマダラヌマカ▸p.116
蚊との出会い…いろん
な意味でドキドキする
わよね。恋する感じ?

シナハマダラカ

海外ではマラリアを…もっていることはあるけど、家畜を愛するカントリー派。

出没度 ★★★★
遭遇度 ★★★★★
吸血性 ★★
媒介性 ★

都会よりも田園風景が広がるような田舎暮らしを好む自然児。
大人になっても
自然派なところは変わらないが、
夜遊びは好きなようである。
好みのタイプは大柄系。
マダラの翅と
きゅっと上がったお尻が自慢。

私的好感度 ★★

翅の模様はきれいなんだけど、大きいし、たくさんいるし、ありがたみに欠けるっていうか。採集のときのワクワク感が欲しいわね。（ぶん子）

白と黒のマダラ模様で種が見分けられます。

分類：カ科ハマダラカ属ハマダラカ亜属
学名：*Anopheles (Anopheles) sinensis*
大きさ：翅長 3.7-4.8 mm
分布：北海道を除く日本全土
環境：水田、農村
備考：三日熱マラリアの媒介蚊。大型哺乳類（ウシ・ブタ）の吸血嗜好性がある。

オオツルハマダラカ

大自然とウシやブタを愛するマラリア媒介蚊。

私的好感度 ★★

最近、日本で住むところが少なくなったって愚痴ってたわ。でもね、もっぱら北海道や九州でリゾートに専念してるリッチな蚊なの。（もなか姉さん）

シナハマダラカさんにときどき間違われます。自然児だし、夜遊び好きだし、好みが大柄系というのもかぶってるし。でも、田園風景よりも森の渓流が好きかも。最近、目立たないようにしてるので、なかなか見つけてもらえません。お尻がきゅっと上がってキュート♪

出没度 ★★
遭遇度 ★
吸血性 ★★★
媒介性 ★★

前のページのシナハマダラカとの違いはどこでしょう？

分類：カ科ハマダラカ属ハマダラカ亜属
学名：*Anopheles (Anopheles) lesteri*
大きさ：翅長 3.3-5.4 mm
分布：一部離島を除く北海道から八重山諸島まで広範に分布していると思われる。
環境：水田、池、湿地
備考：三日熱マラリア媒介蚊。1940年代に北海道で三日熱マラリアを伝播した可能性もある。大型哺乳類（ウシ・ブタ）の吸血嗜好性がある。

エセシナハマダラカ

悪名高きハマダラカだけど、人に病気をうつさない穏健派。

出没度 ★
遭遇度 ★★★
吸血性 ★★
媒介性 （不明）

本家シナハマダラカさんより
100年ほど遅れて
発見されたものだから、
「エセ」なんて名前つけられちゃいました。
でも、本家が未開拓の
北海道も制覇しているし、
人に病気もうつさないし、
翅の模様も本家よりちょっと凝っているし、
エセのほうがクールじゃない？

私的好感度 ★★★

エセなんて失礼しちゃう。ぶん子のカモシカのような足を吸いにきた怖いもの知らず。なかなかやるじゃない、褒めてつかわす。（ぶん子）

シナハマダラカ、オオツルハマダラカとの違いはどこでしょう……？

分類：カ科ハマダラカ属ハマダラカ亜属
学名：*Anopheles (Anopheles) sineroides*
大きさ：翅長 3.3-6.5 mm
分布：日本全土
環境：水田、池沼
備考：愛知、鳥取、島根、山口、香川、高知、大分、佐賀、沖縄では未報告。夜間吸血性。

コガタハマダラカ

刺されると痛い、ウシを愛するうちなーんちゅ。

沖縄生まれの沖縄育ち。
森の中のきれいな渓流が幼虫のすみか。
名前の通り、他のハマダラカに比べると小柄。
成虫になると小柄のボディからは
想像もできないような
大きな牛に挑んで吸血する。
東南アジアの種と
姿かたちはそっくりながら、
最近、沖縄のは独立種であることが判明。
ＤＮＡレベルで生粋のうちなーんちゅ。

出没度 ★★
遭遇度 ★
吸血性 ★★★
媒介性 ★★★

私的好感度　★★★★

人間、見た目が9割っていうけど、蚊は別ね。かわいさに騙されちゃだめよ。刺されると痛いの。桜島大根くらいに腫れちゃうから。（ぶん子）

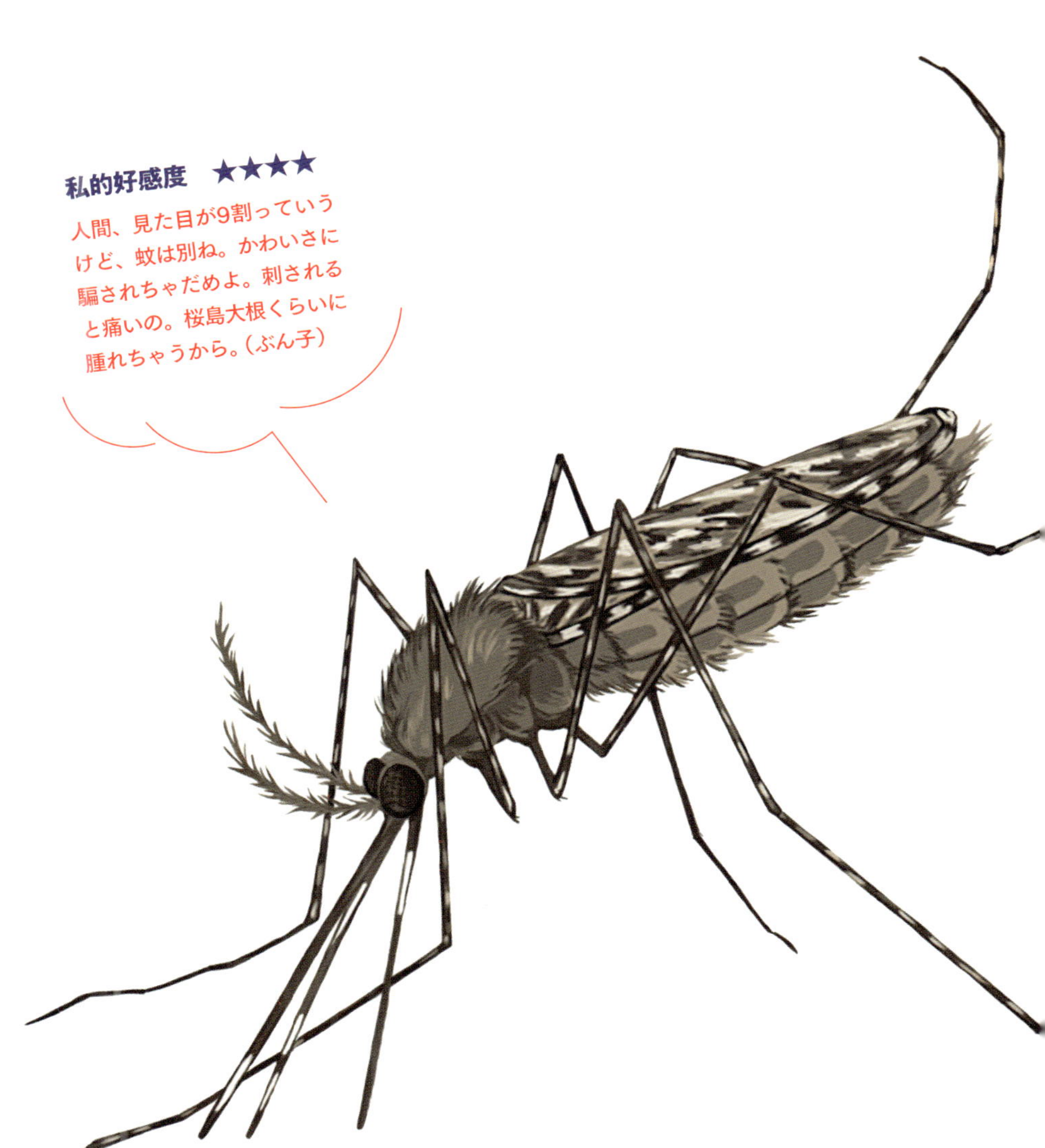

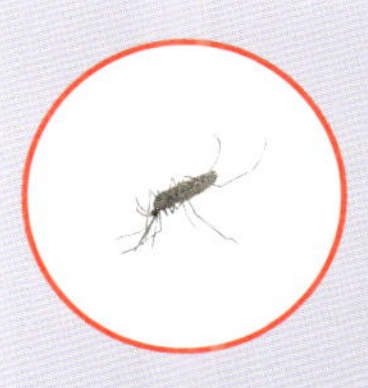

分類：カ科ハマダラカ属タテンハマダラカ亜属
学名：*Anopheles (Cellia) yaeyamaensis*
大きさ：翅長 3.1-3.4 mm
分布：琉球列島
環境：清流
備考：熱帯熱マラリアを媒介。夜行性。東南アジアには近縁種、ミニムスハマダラカ*Anopheles*（*Cellia*）*minimus* が生息。

キンイロヤブカ

名前ほど成金じゃない上品なセレブ蚊。

私的好感度 ★★★★

光沢のある褐色のボディが派手すぎず、かつ上品な華やかさを醸し出していてセレブ感満載! 足の白いアクセントもすてき。(かのこ)

蚊は暑いところが好きと思われがちだけど、暑さが大の苦手。春先や晩夏になると元気になる。ヤブカなのに水田などの大きな水たまりが好き。

出没度	★
遭遇度	★★★
吸血性	★★
媒介性	★

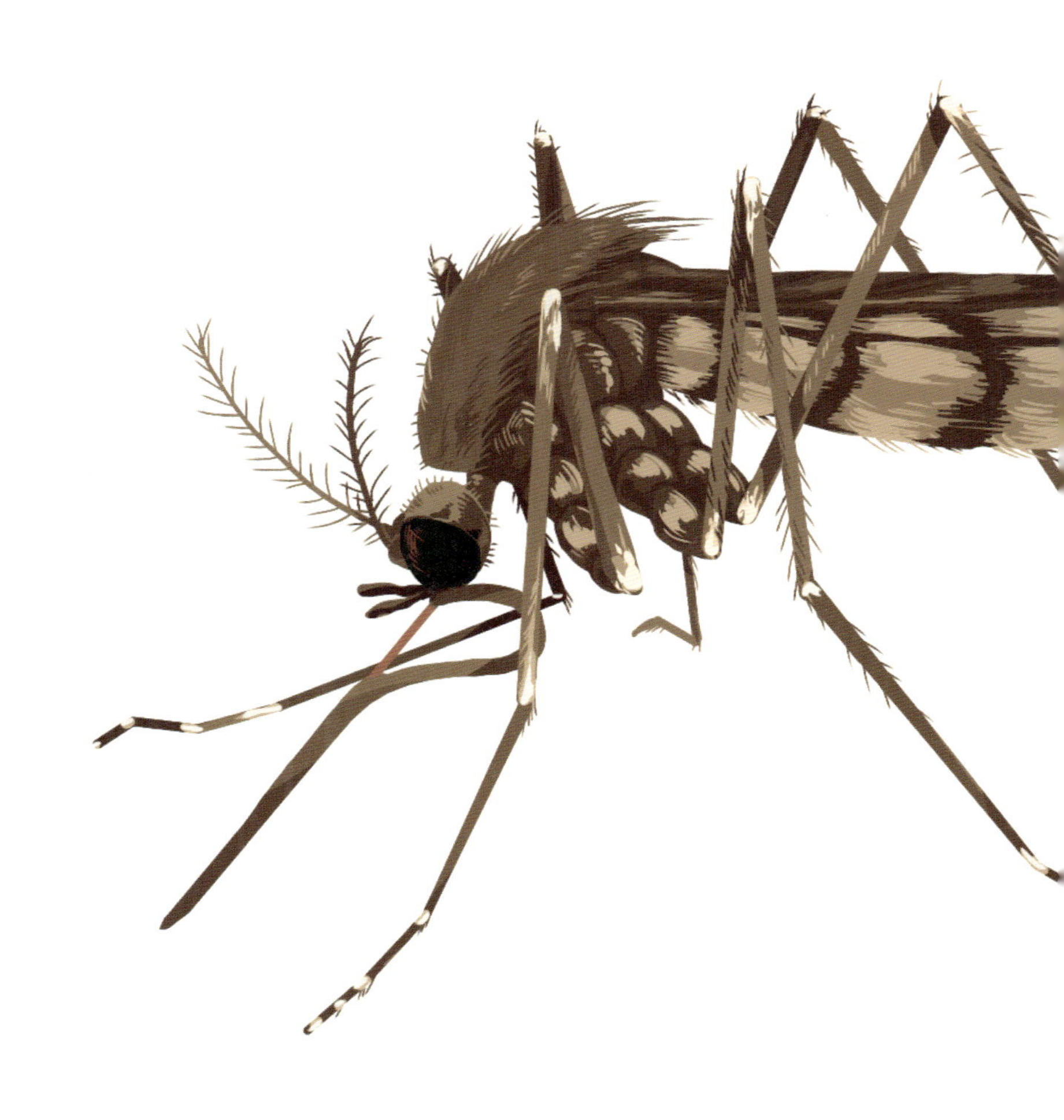

分類：カ科ヤブカ属キンイロヤブカ亜属
学名：*Aedes (Aedimorphus) vexans nipponii*
大きさ：翅長 3.1-4.8 mm
分布：日本全国
環境：水田、畑
備考：主にヒトを含む哺乳類を吸血する。

シロカタヤブカ

2本の白い筋がポイントのかっこいいレア蚊。

蚊の肩がどこかはわからないけど、ヤブカでいちばん、パキっと白を着こなしている。住まいにちょっとこだわりがあるので、なかなか見つけてもらえないけど、日本全土にいるはずだから、一度、このカッコいいボディを見てほしいって願ってる。背中の両脇のバシッと決めた白が目印です。

私的好感度 ★★★★

かっこいい！ ただ、ひたすらかっこいい！それに尽きるわね。お目にかかった日のカレンダーには思わずハートマークつけちゃう♪（ぶん子）

出没度 ★
遭遇度 ★★
吸血性 ★★★
媒介性 （不明）

分類：カ科ヤブカ属シロカタヤブカ亜属
学名：*Aedes (Downsiomyia) nipponicus*
大きさ：翅長 2.8-4.1 mm
分布：北海道、本州、四国、九州（いずれも局所的）
環境：樹洞
備考：昼行性。秋田、山形、茨城、群馬、埼玉、山梨、愛知、福井、広島、山口、高知、佐賀、沖縄では未報告。

コガタキンイロヤブカ

やるときはやります！ 出没度は低いがヒトは大好き。

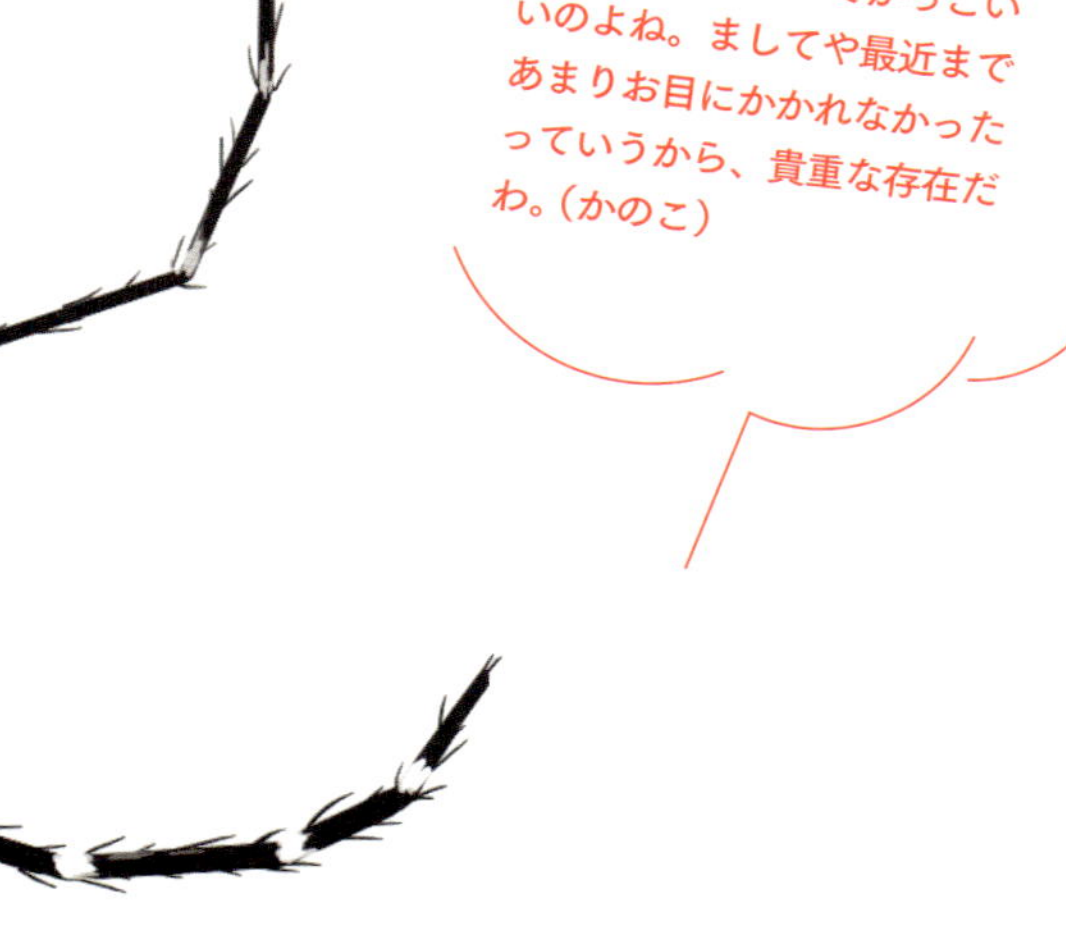

私的好感度 ★★★

やっぱりヤブカってかっこいいのよね。ましてや最近まであまりお目にかかれなかったっていうから、貴重な存在だわ。（かのこ）

キンイロヤブカさんより
ちょっと小型で、
人見知り。
なかなか出てきてくれないのよね。
そのわりには、
攻めるときは果敢に攻める。
激しく人を吸血するのよね。
やる気スイッチは
どこにあるのか不思議ちゃん。

出没度	★
遭遇度	★★
吸血性	★★★
媒介性	（不明）

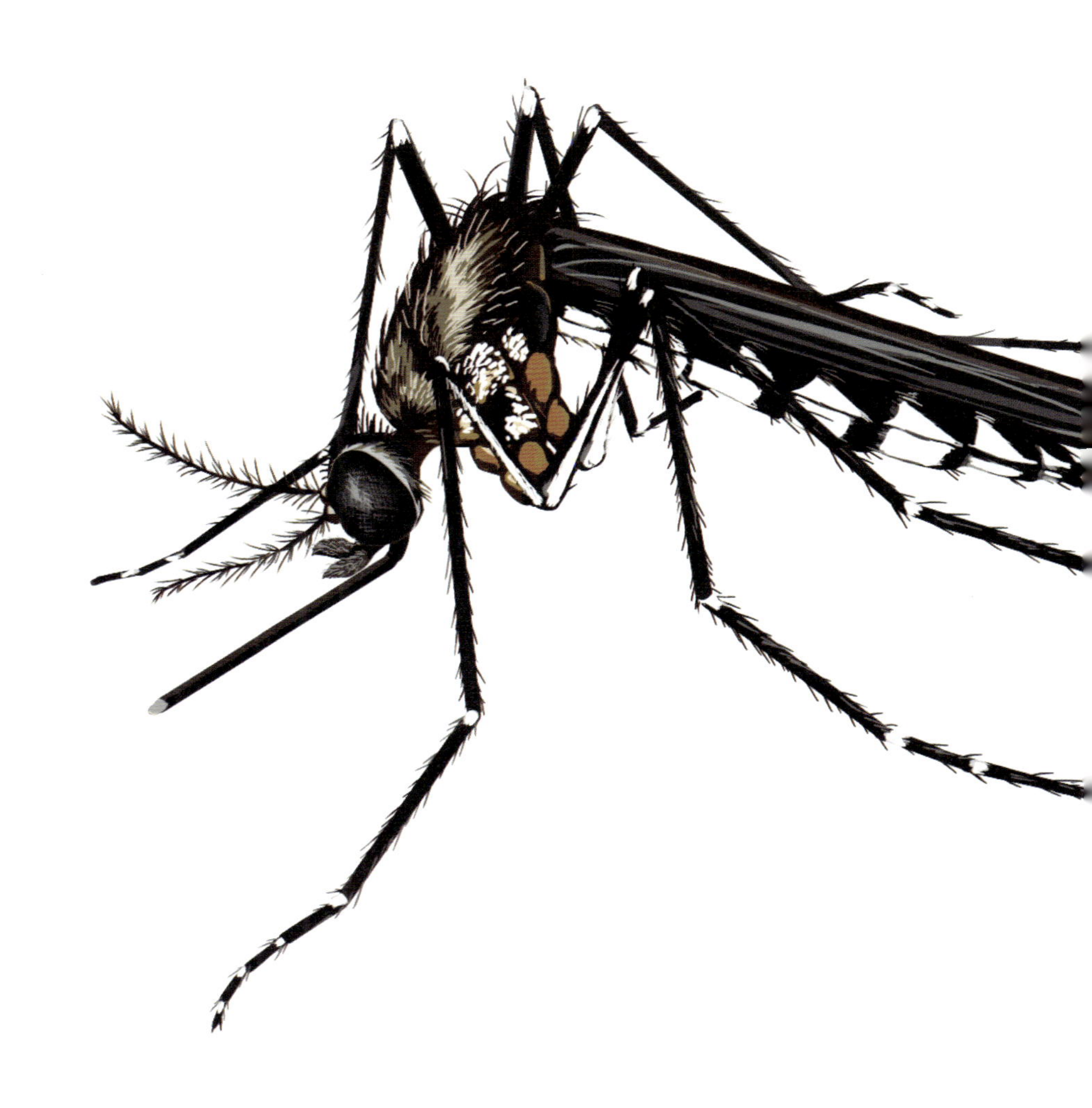

分類：カ科ヤブカ属エドウオーズヤブカ亜属
学名：*Aedes (Edwardsaedes) bekkui*
大きさ：翅長 3.3-4.2 mm
分布：北海道、本州、四国、九州
環境：林内の水たまりなど、浅く一時的な水域。
備考：昼行性

カニアナヤブカ

マングローブに潜む蚊界きっての変わり者。

地下が大好き！

マングローブ林内にすむアナジャコの地中深くにある巣穴をねぐらにしています。

幼虫は巣穴の底にたまる塩気の混じる汽水が大好きだし、成虫も普段は巣穴に居候させてもらっています。

他の蚊と違って独自路線。

サカナの血が大好き♪っていうちょっとオタクな蚊。

私的好感度 ★★★★

人より魚が好きな変わった趣味をもってます。すみかもカニさんやアナジャコさんが作った穴の中なんだって。オタク同士、気が合うわ。（もなか姉さん）

出没度　★
遭遇度　★
吸血性
媒介性

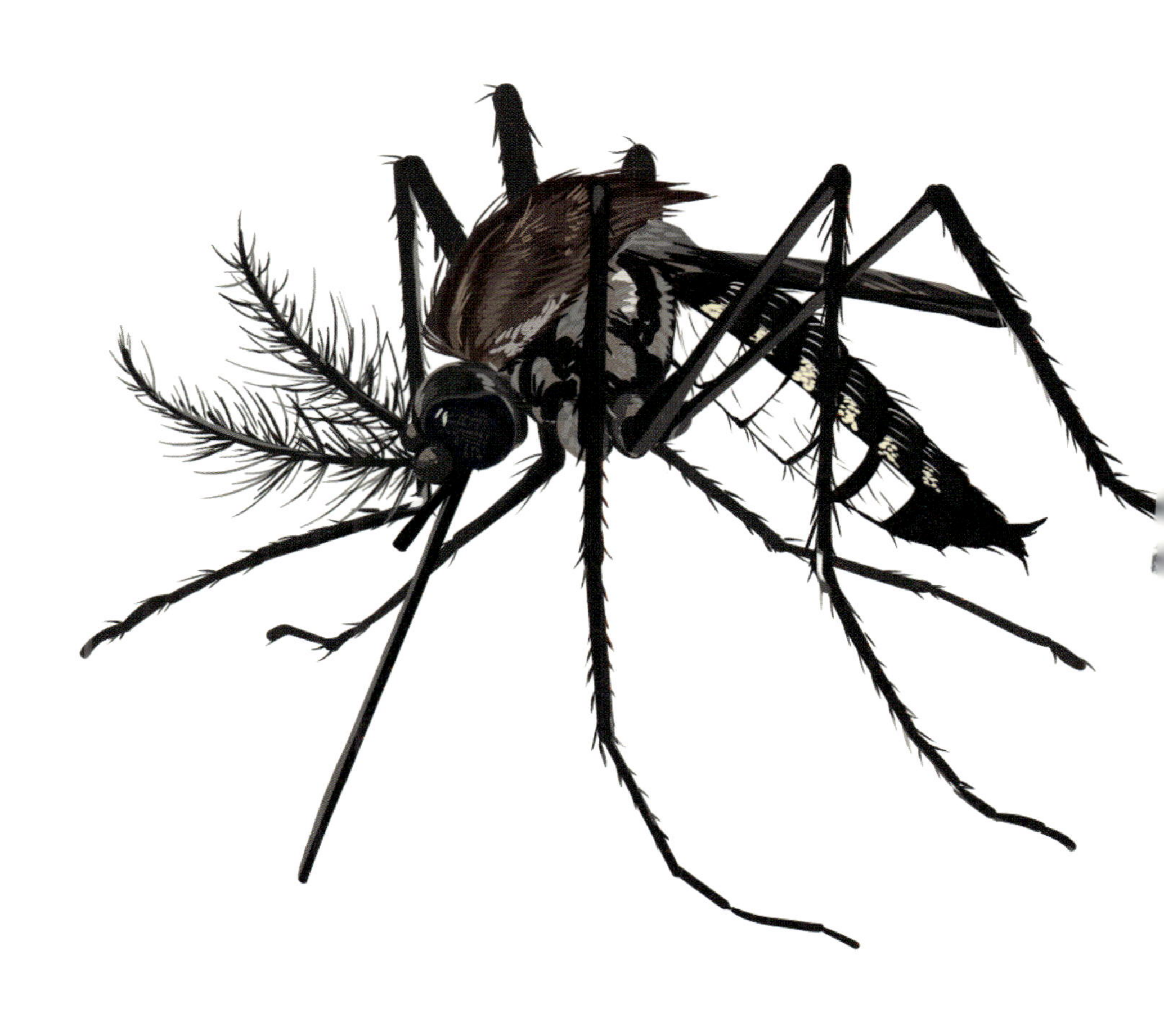

分類：カ科ヤブカ属カニアナヤブカ亜属
学名：*Aedes (Geoskusea) baisasi*
大きさ：翅長 2.6-3.0 mm
分布：琉球列島
環境：マングローブ林のカニ穴が幼虫の発生源かつ成虫の休止場所。
備考：魚を吸血する。

ヤマトヤブカ

特に信心深くはないけれど、神社仏閣やお墓にいます。

幼虫時代は
神社仏閣にある手水鉢(ちょうずばち)が大好きで、
よくたむろってます。
成虫になると、背中の黄金の縞模様がかっこいい。
ときどき阪神タイガースファンに
間違われることもある。
成虫は、人の前にはめったに
姿を現わさないけど、
東北地方や北海道だと
人なつっこくなるという
目撃情報が多数あり。

私的好感度 ★★★

お墓で遊ぶのだ～い好き。野原や山も大好きなチョー自然児。木のウロ（樹洞）ですくすく育って、都会は嫌いだなんて、気が合うわ。
（もなか姉さん）

出没度 ★
遭遇度 ★★★★
吸血性 ★
媒介性 ★★

分類：カ科ヤブカ属ヤマトヤブカ亜属
学名：*Aedes (Hulecoeteomyia) japonicus*
大きさ：翅長 3.0-5.3 mm
分布：北海道、本州、四国、九州
環境：岩のくぼみ、手水鉢
備考：琉球列島にはアマミヤブカとサキシマヤブカの2亜種が生息。

ネッタイシマカ

ヒトが好きで好きでしょうがない国際指名手配中の密入国者。

子どものときから人間大好きな超都会っ子です。
人間がいない生活なんて考えられない！
世界中の熱帯、亜熱帯地域で勢力拡大中。
最近は、縄張り争いで
ヒトスジシマカさんに押され気味だけど、
その存在感は他の追随を許しません。
吸血のときにヒトにウイルスを
うつしちゃうので国際指名手配中。
迷惑をかけるつもりはなくて、
ただただ人間が好きなだけなんですけどね。
大きくなってからの背中の三日月状模様が美しいと
一定のファンもいるんですよ♪

出没度 ★★
遭遇度
吸血性 ★★★★★
媒介性 ★★★★★

私的好感度 ★

海外ではチョー有名な怖い蚊。日本に毎年観光に来てるって噂は本当なの？ そのうち移住するつもりかしら？ あまり長居はしてほしくないんだけど。（もなか姉さん）

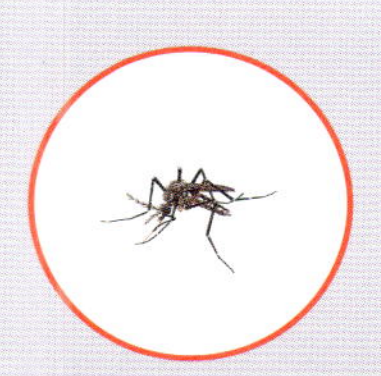

分類：カ科ヤブカ属シマカ亜属
学名：*Aedes (Stegomyia) aegypti*
大きさ：翅長 2.5-3.5 mm
分布：日本には生息していない（かつては琉球列島、小笠原諸島や天草諸島など）。
環境：人家周辺
備考：黄熱、デング熱、ジカウイルス感染症などを伝播。国際線航空機に便乗して頻繁に国内に侵入している。昼行性。

ヒトスジシマカ

白と黒の憎いヤツ。待ち伏せタイプの都会っ子。

根っからの都会っ子だが、ガーデン好きな一面もあわせもつ。

幼虫のころは小さな部屋にこもりがちで地味な印象だが、成虫になると格好が派手になる。

背中の白いラインがトレードマーク。

昼型の活動家で、吸血動物は小動物から大型動物、冷血動物から温血動物まで、意外に好みのタイプの守備範囲が広い。

好きなタイプには積極的だが、待ち伏せをしてしまうところが玉にキズ。

出没度 ★★★
遭遇度 ★★★★★
吸血性 ★★★★★
媒介性 ★★★

私的好感度 ★★★★

白黒のボディラインと背中にスーッと入った白線が凛々しくて美しい。英語ではタイガーモスキートっていうのよ、カッコいいわ。（かのこ）

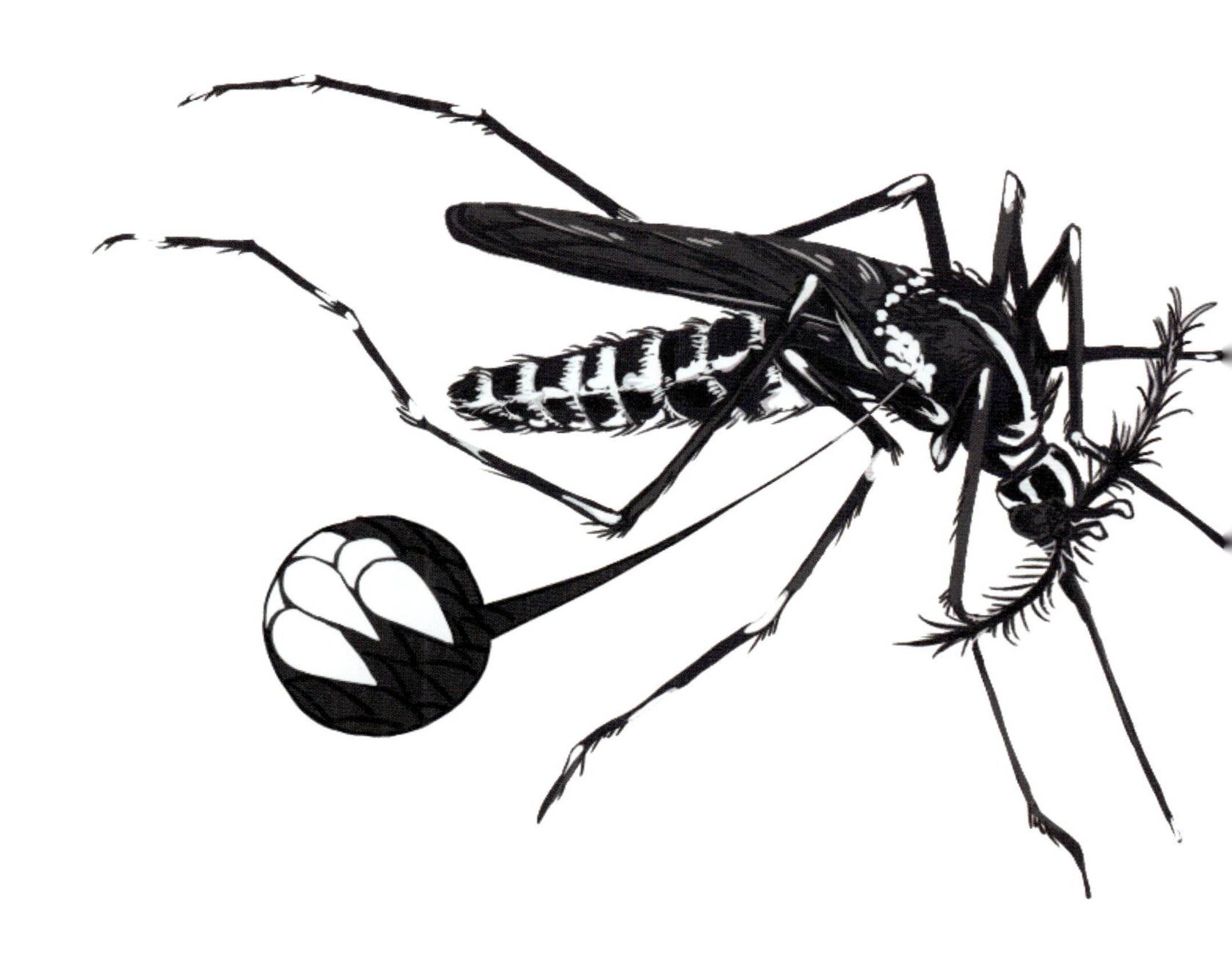

分類：カ科ヤブカ属シマカ亜属
学名：*Aedes (Stegomyia) albopictus*
大きさ：翅長 2.5-3.8 mm
分布：北海道を除く日本全国
環境：都市から農村（公園、庭、お墓など）
備考：デング熱、チクングニア熱、ジカウイルス感染症、ウエストナイル熱を伝播。日本では分布が北進しており、2018年の時点で青森県が北限である。昼行性。待ち伏せ型。

ヤマダシマカ

ヒトスジシマカとの識別はむずかしいけど、マイルド派の山田さん。

有名なヒトスジシマカと
体型や行動パターンが似ていて
よく間違えられるが、
それほどアグレッシブな性格ではないし、
好みの吸血動物のストライクゾーンも
それほど広くないっぽい。
背中の黄色い鱗片で見分けがつくとかつかないとか。
ヤマダシマカ一族御三家の
沖縄・奄美にいるダウンズシマカ家、
八重山諸島のミヤラシマカ家ともども
よろしくお願いいたします。

出没度 ★★★
遭遇度 ★★★
吸血性 ★★★
媒介性 ★

私的好感度 ★★

日本ではチョー有名なヒトスジシマカとうりふたつだってもっぱらの噂。区別するのは至難の業。特徴ないのね、ちょっと残念。（もなか姉さん）

分類：カ科ヤブカ属シマカ亜属
学名：*Aedes (Stegomyia) flavopictus*
大きさ：翅長 2.6-4.0 mm
分布：日本全国（局所的ではある）
環境：竹林
備考：琉球列島にはダウンズシマカとミヤラシマカの2亜種が生息。

トウゴウヤブカ

血を吸わなくても産卵可能。
塩水もいけるサバイバー。

日本列島津々浦々、
環太平洋地域から広く目撃情報あり。
幼虫は、しょっぱい海水が入ってくるような、
海岸の岩のくぼみに生息可能で、
もちろん真水も大好き。
成虫は、絶海の孤島など、
吸血源が乏しい場所では、
吸血しなくても産卵できるという
超特殊能力をもっている。
幼虫、成虫ともに不思議ちゃん♪

私的好感度 ★★★

昔は街中でも防火用水や水がめですくすく成長していたのに、最近はヒトスジさんに居場所を奪われてしまったお人よしさん、頑張れ。（かのこ）

出没度	★★
遭遇度	★★★
吸血性	★★★
媒介性	★★

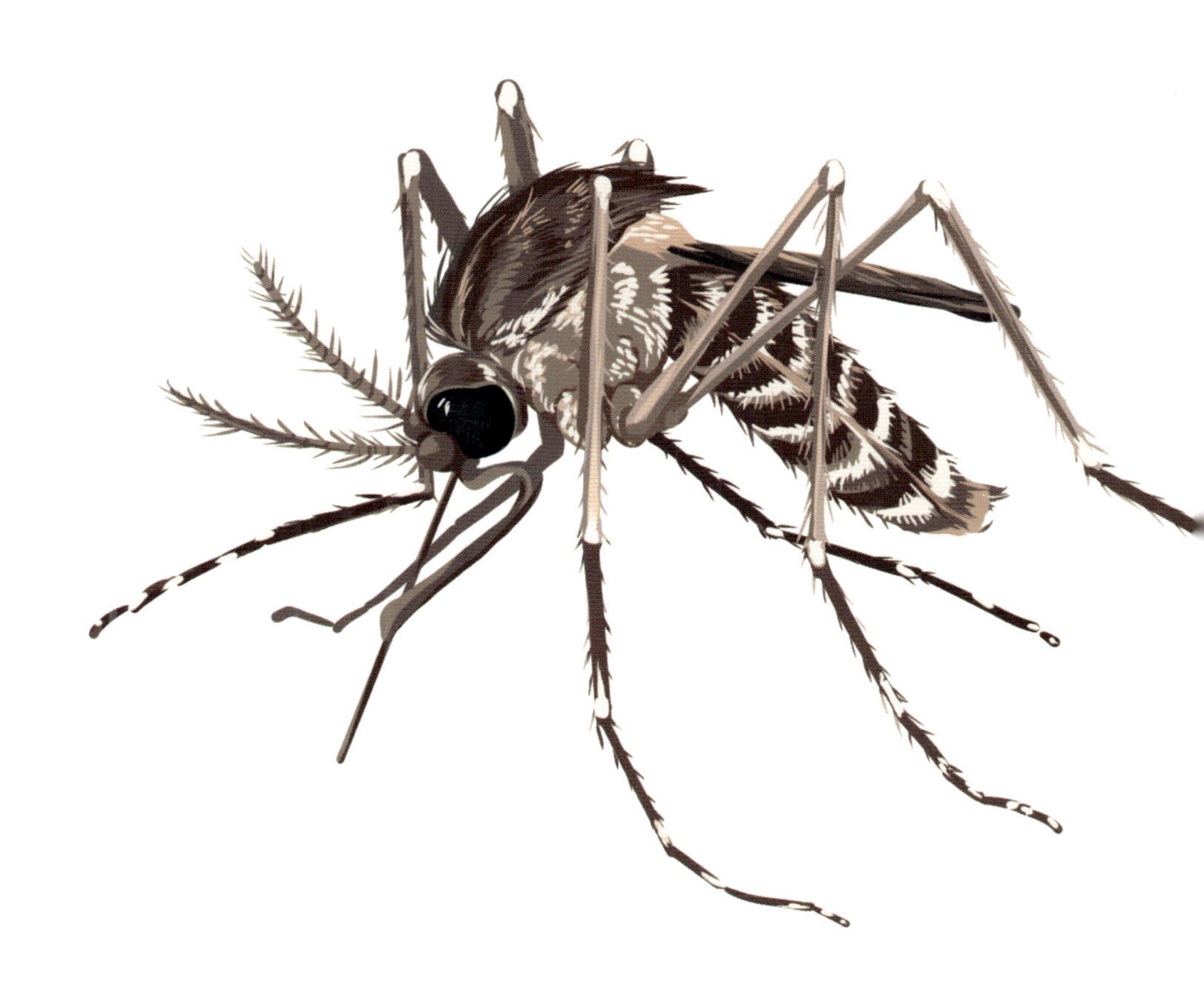

分類：カ科ヤブカ属トウゴウヤブカ亜属
学名：*Aedes (Tanakaius) togoi*
大きさ：翅長 3.1-4.3 mm
分布：日本全土
環境：海岸、汽水域、農村
備考：昼行性、待ち伏せ型。八丈小島のマレー糸状虫の媒介蚊であった。日本脳炎ウイルスも媒介可能。

オオクロヤブカ

育ちも生き方もハード派。刺されると痛いほどのパワー。

幼虫のころは、汚水っぽいハードな環境で育ってきたし、
兄弟同士の競争もすごいので、
けっこうたくましくてガツガツしていると思われています。
まぁ、実際そうですが、本来は竹とか植物から分泌される
天然ものの栄養豊富な水場が好きなだけなんです。
成虫になると人間が好きでよく近づきますが、
体が大きいせいか目立ってしつこいと思われるみたい。
本当は他の蚊と同じように子育てのために
ちょっと血を吸わせてもらっているだけなんですけどね。

出没度 ★★★
遭遇度 ★★★★
吸血性 ★★★★
媒介性 ★

私的好感度 ★★★★

ジーンズの上から刺されてもめちゃめちゃ痛い。でも、そのガンメタリックな輝くボディと堂々とした風格は美しく、つい許しちゃう。(かのこ)

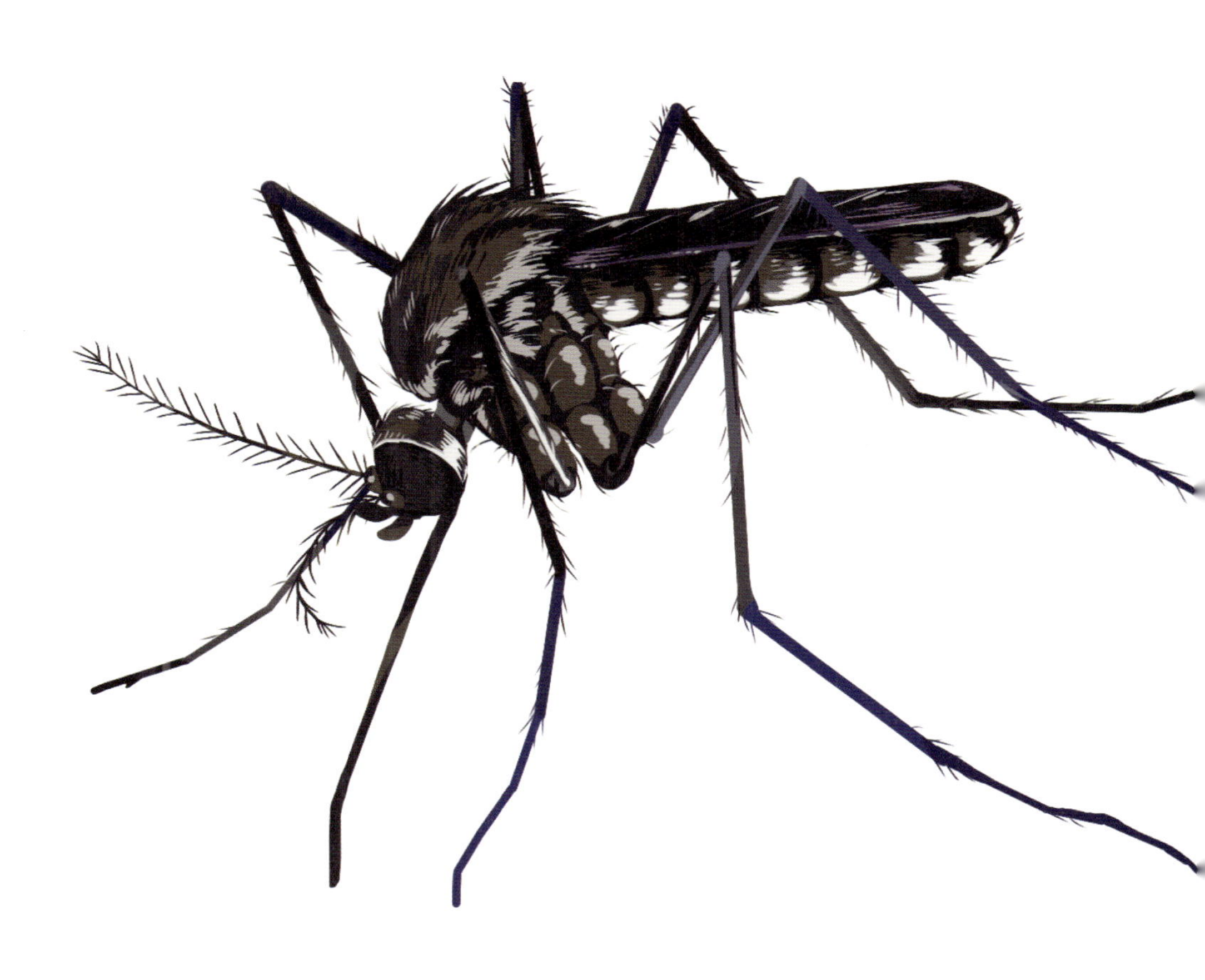

分類：カ科クロヤブカ属クロヤブカ亜属
学名：*Armigeres (Armigeres) subalbatus*
大きさ：翅長 3.2-5.4 mm
分布：本州、四国、九州、沖縄
環境：牛舎や豚舎周辺の有機物が多く含まれる汚水、雨水マス、竹林。
備考：主に昼間に活動。北海道に生息しないとは断言できない。

キンイロヌマカ

幼虫は水草を使った「水とんの術」で息をして、成虫は全身黄金の蚊。

幼虫時代の呼吸の仕方がとっても変わっている子。水草をストローにして空気を吸うんです。水草がないと窒息死しちゃう残念な子。井の頭公園での目撃情報もあったけど、なかなかのレア種。暖かいところにすむのが好きって考えられている。

私的好感度 ★★★★★

一匹一匹はそうでもないけど、標本箱にずら〜と並べると黄金に見えるだって。見かけた人に幸運を運ぶすてきな蚊よ。（かのこ）

出没度 ★
遭遇度 ★
吸血性 ★
媒介性 （不明）

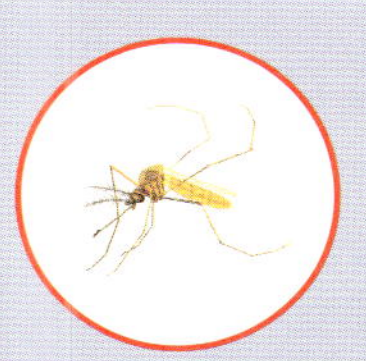

分類：カ科キンイロヌマカ属キンイロヌマカ亜属
学名：*Coquillettidia (Coquillettidia) ochracea*
大きさ：翅長 4.8-5.6 mm
分布：本州、沖縄
環境：沼、湿地
備考：夜行性。幼虫は水草の根に呼吸管を刺して空気を取り込み呼吸。

イナトミシオカ

海辺の湿地に潜み、は虫類も鳥類も哺乳類もなんでも好き。

私的好感度 ★★★

海岸に近いアシ原の水際に幼虫がいるんだけど、採集のときは折れたアシがお気に入りの長靴の底に刺さって大変。足に穴があいちゃった。（ぶん子）

塩気の混じる湿地が大好き。おかげで「シオカ」の称号を授与されました。アカイエカにけっこう似ていますが、こげ茶色無地の服を着ています。

出没度 ★★★★
遭遇度 ★★
吸血性 ★★★
媒介性 ★

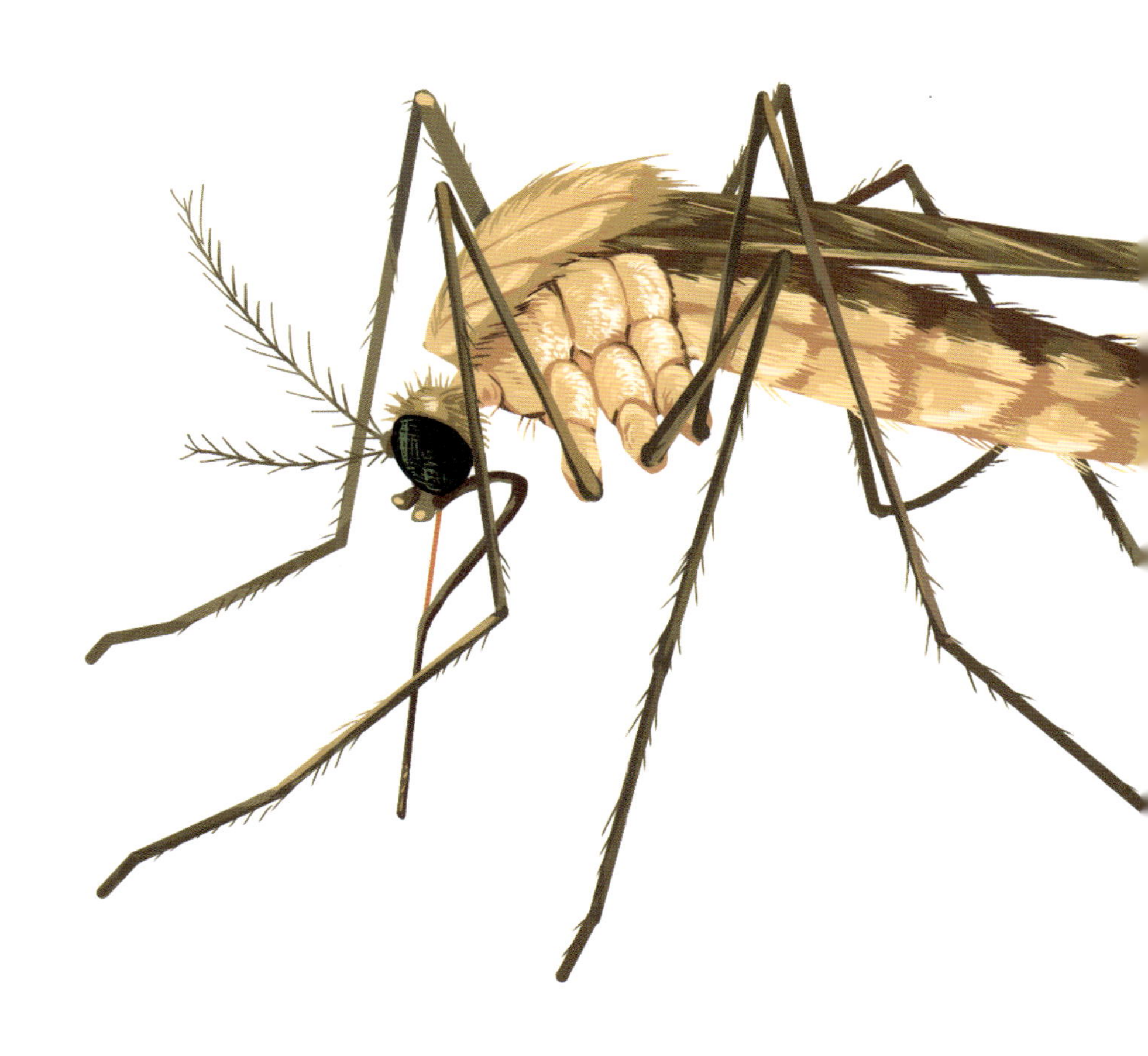

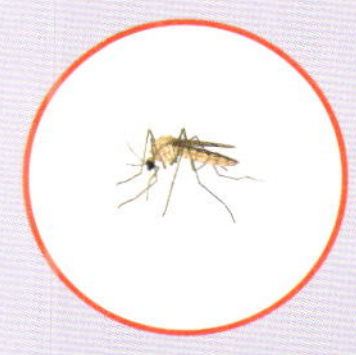

分類：カ科イエカ属シオカ亜属
学名：*Culex (Barraudius) inatomii*
大きさ：翅長 3.2-4.0 mm
分布：北海道、本州
環境：海岸に近い湿地
備考：ヒトのほか、野鳥、カメ、ネズミも吸血。日没後が最も活発。
0.1%程度の塩水が混ざっていても幼虫は育つ。

ハマダライエカ

名前は例の凶悪系だけど、人の血を吸うかも不明の個性派。

私的好感度　★★

けっこう派手なボディをしているんだけど、いまいち目立たないっていうか。人見知り?奥ゆかしいだけじゃモテないわよ!（ぶん子）

出没度　★
遭遇度　★★★
吸血性　（不明）
媒介性　★かも

ハマダラカ属じゃないのに、
翅がまだら模様の
個性派ちゃん。
翅の白いスポットと
口元の白いアクセントを
コーディネートしているのが自慢。
子どものころはシャイなのに、
大人になると、
どばーっと発生するのよ、
どばーっと。
なので、たぶん集団行動好きよ♪

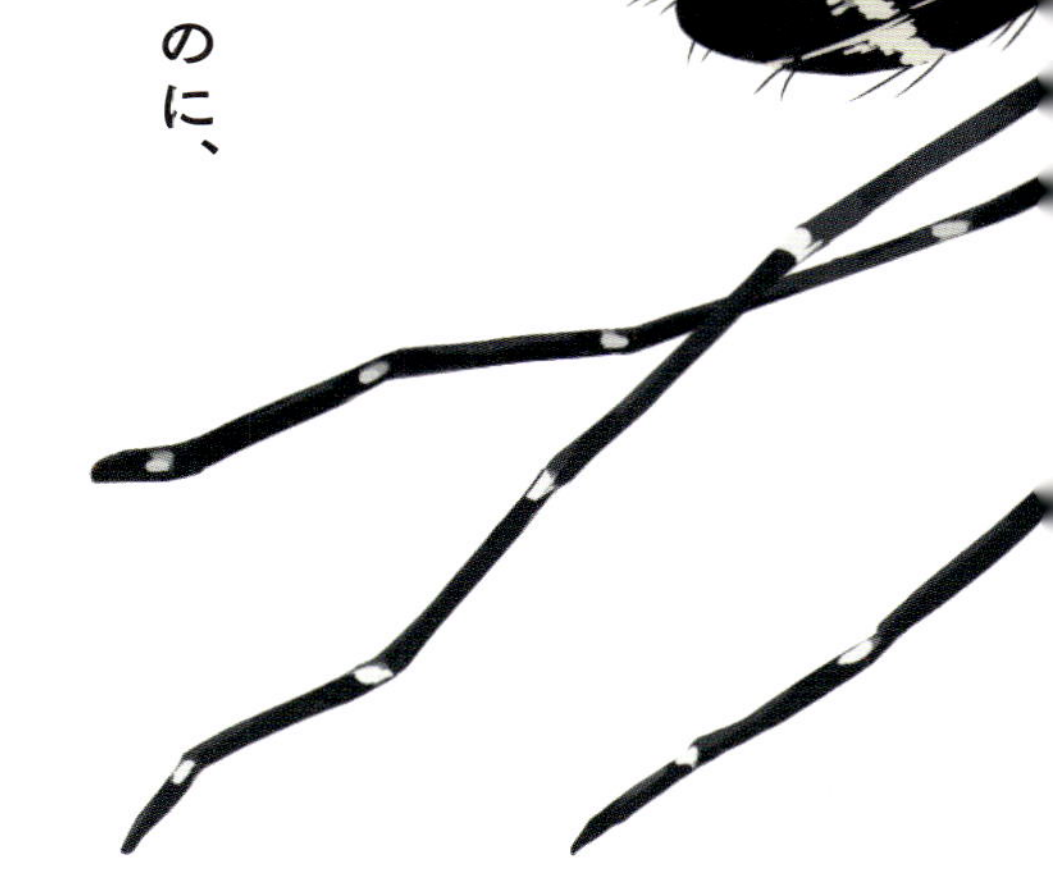

分類：カ科イエカ属イエカ亜属
学名：*Culex (Culex) orientalis*
大きさ：翅長 3.7-4.9 mm
分布：北海道、本州、四国、九州
環境：水田、ため池
備考：主に野鳥を吸血していると考えられている。

アカイエカ

か弱く見えて、街でしぶとく生き抜くシティ派。

私的好感度 ★★★

夜遊び大好き困ったちゃん。みんなが寝静まった真夜中に、そっと耳元で囁かれてもねぇ。でもそんな「かまってちゃん」が愛おしい。(もなか姉さん)

出没度 ★★★★
遭遇度 ★★★★★
吸血性 ★★★★
媒介性 ★★★★

幼虫のころから
狭いところが苦手で、
開放感のあるプールが大好き。
成長すると
夜遊び好きの本領を発揮し、
夜な夜な飲み歩いている姿が
目撃されている。
小麦色の健康的なボディと
胸元の白いアクセサリー、
お腹周りのボーダー柄が
チャームポイント。
親戚に地下鉄好きの鉄ちゃんがいる。

分類：カ科イエカ属イエカ亜属
学名：*Culex (Culex) pipiens pallens*
大きさ：翅長 3.0-5.3 mm
分布：琉球列島を除く日本全国
環境：都市から農村まで（排水溝、古タイヤ、雨水マス、水田など）
備考：イヌフィラリア症を伝播する。野鳥類のマラリアの媒介蚊。夜行性。探索型。

チカイエカ

冬でも成虫がヒトの血を吸う。都会の地下鉄が好き。

私的好感度　★★

ひと昔前、ロンドンの地下鉄に突如どば～と現われ、人々を驚かせた過去をもつ。いたずら好きにもほどがあるので星2つ（かのこ）

地下鉄好きの
鉄ちゃんはこの子のこと。
アカイエカとうりふたつだけど、
性格はかなり違って、
いつでも元気いっぱい。
冬だってじっとしていられない。
暖かいところを見つけては
活発に活動しちゃうし、
狭いところだってへっちゃら。
最初の卵は血を吸わなくても
産めちゃうマジシャンでもある。

出没度　★★★★
遭遇度　★★★★★
吸血性　★★★★
媒介性　★★★

アカイエカとほとんど
区別がつかない。

分類：カ科イエカ属イエカ亜属
学名：*Culex (Culex) pipiens* form *molestus*
大きさ：翅長 2.9 -3.7 mm
分布：琉球列島を除く日本全国
環境：地下鉄、ビルの地下の貯水槽、雨水マス
備考：夜行性。地下街では昼間でもヒトを吸血する。ウエストナイル熱を媒介すると思われる。

コガタアカイエカ

赤くはないがアカイエカ。小さいけれど貪欲な肉食系。

田舎暮らしをこよなく愛すが、大人になると、お出かけの際の行動範囲がけっこう広い。ブタとウシがいれば他はなにもいらないという、小柄なボディからは想像もつかない肉食系。口元を飾るリップクリームは白色にこだわっているが、昔流行ったヤマンバメイクガールたちよりも前から流行を先取りしていたことをひそかに自慢に思っている。

出没度	★★★★
遭遇度	★★★★★
吸血性	★★★
媒介性	★★★★

私的好感度 ★★★★

吻に白いリップクリームを塗ってる種類って案外たくさんいるけど、はみ出してつけてるのはこの子だけ。個性があって大好きよ。（ぶん子）

分類：カ科イエカ属イエカ亜属
学名：*Culex (Culex) tritaeniorhynchus*
大きさ：翅長 2.2-4.0 mm
分布：日本全国
環境：水田
備考：日本脳炎、ウエストナイル熱の媒介蚊。夜行性。

スジアシイエカ
謎のベールに包まれた美脚系。

キレイな脚が自慢なのに、
あまりお目にかかれないし、
人生に役立っている様子もないし、
無駄な努力をしている健気ちゃん。
寄生虫を運ぶなんて
疑われたときもあったけど、
無実を主張しています。

私的好感度 ★★★★

縦じまのストッキングがかっこいい。脚も長いし、わたしみたい。こんなにすてきなのに、アカイエカと間違えるなんて、冗談じゃないわ!（もなか姉さん）

出没度 ★
遭遇度 ★
吸血性 （不明）
媒介性 （不明）

分類：カ科イエカ属イエカ亜属
学名：*Culex (Culex) vagans*
大きさ：翅長 3.9-4.6 mm
分布：北海道、青森、岩手、宮城、山形、福島、栃木、長野、京都、山口、福岡、鹿児島、沖縄
環境：地表水
備考：夜行性

アカクシヒゲカ

成虫は似たのが多いけど、幼虫は毛の少ない個性派。

成虫になると
ヤマトクシヒゲカさんにそっくりだとか、
地味で目立たないとか、
いろいろ言われるけど、
幼虫時代はちょっと個性を出して
頑張ってたんです。
エステ好きかどうかは謎だけど、
つるつるボディをめざしてる。

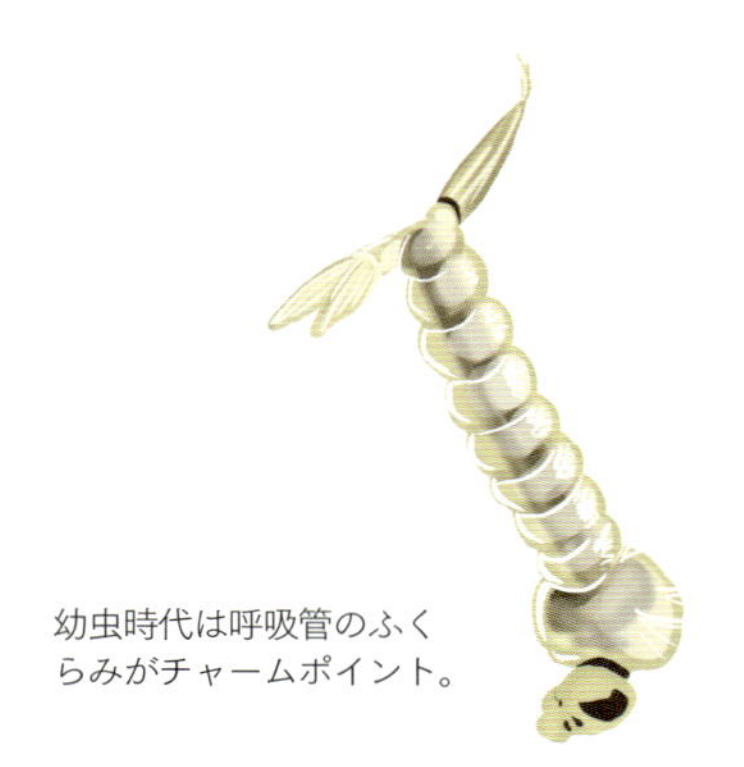

幼虫時代は呼吸管のふくらみがチャームポイント。

出没度 ★
遭遇度 ★
吸血性
媒介性

私的好感度 ★★

ヤマトクシヒゲカ？　いや、キョウトクシヒゲカ？　見分けつかないって言うけど、みんなよりちょっとだけオシャレのつもり、アカだけに。（かのこ）

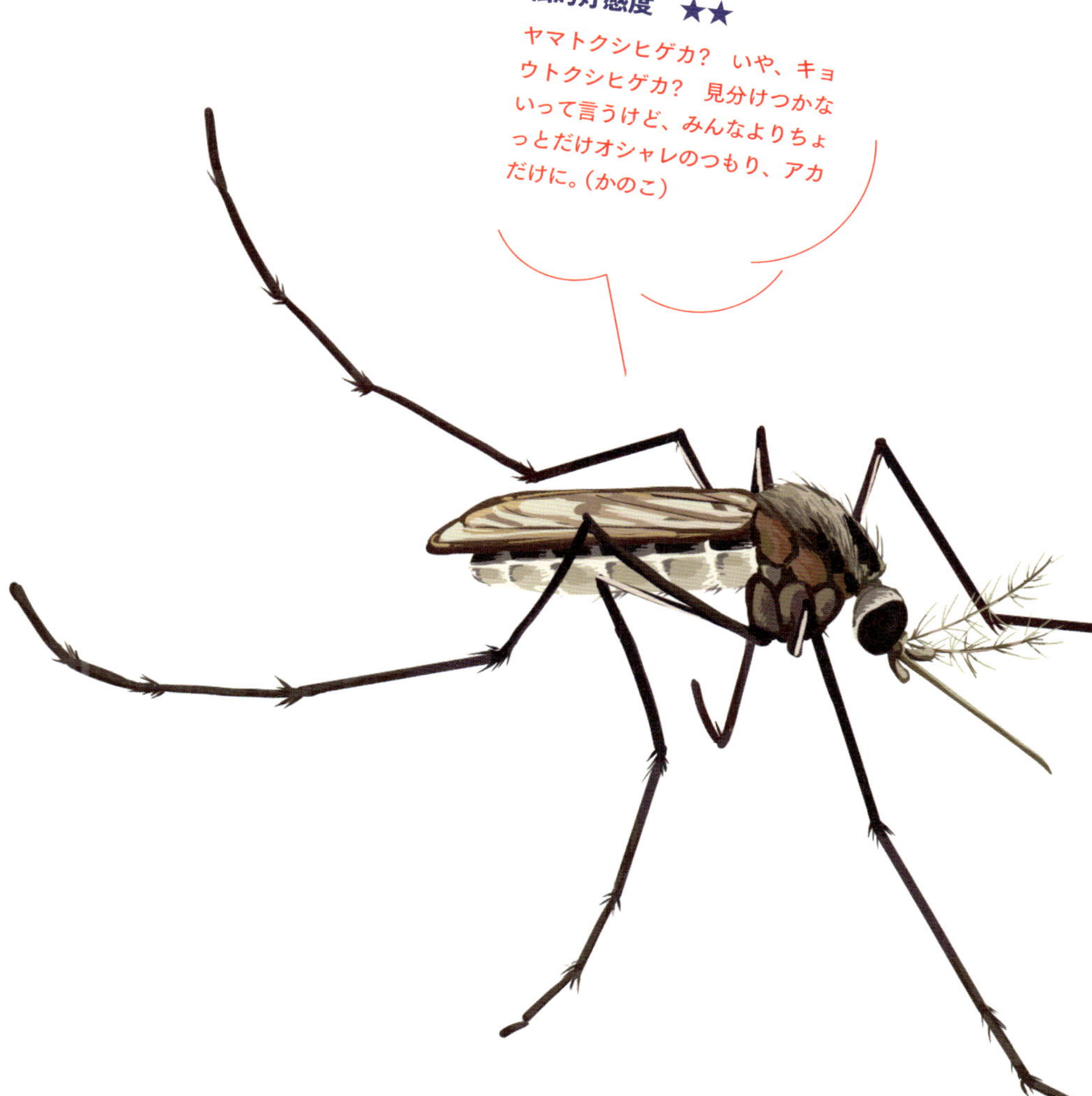

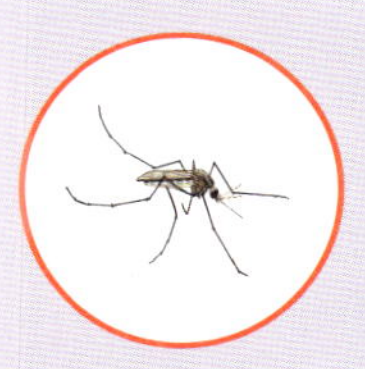

分類：カ科イエカ属クシヒゲカ亜属
学名：*Culex (Culiciomyia) pallidothorax*
大きさ：翅長 2.8-4.6 mm
分布：本州、四国、九州
環境：人工容器、自然の器
備考：成虫による種の同定が難しい。夜間吸血性。

ヤマトクシヒゲカ

オスの小顎肢ってところについている櫛状の鱗片がポイントなんですが…。

私的好感度 ★★

子どものころはかわいかったねぇってよく言われたらしい。大きくなるとおひげがねぇ…になっちゃうから、なんだかかわいそう。（もなか姉さん）

目立たないけど、実は日本中あちこちにいます。富士山のふもとで発見され、「ヤマト」という名前で純和風をアピールしつつも、タイでの目撃情報もあり国際派の一面もあわせもっています。

出没度 ★
遭遇度 ★★★
吸血性
媒介性

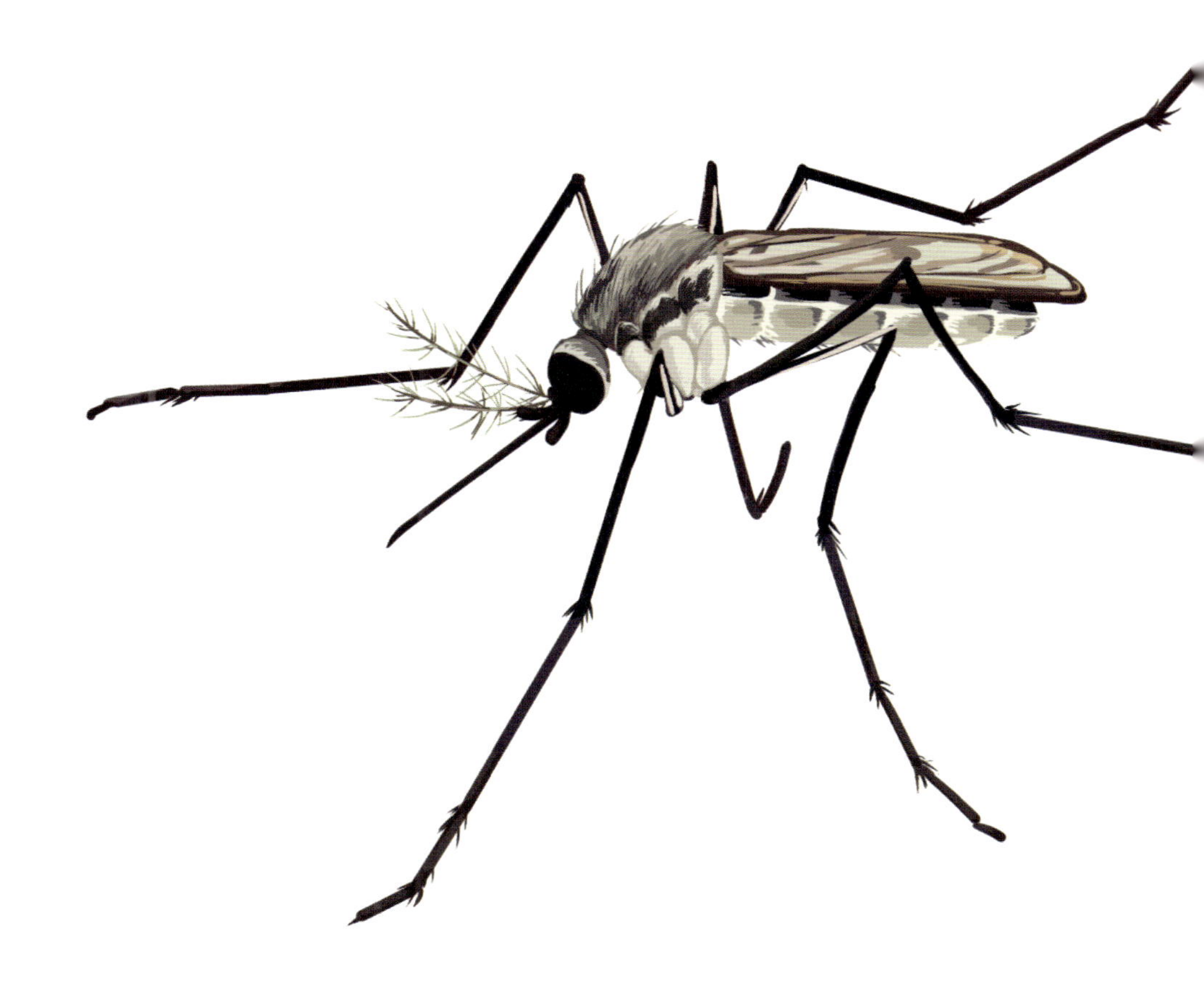

分類：カ科イエカ属クシヒゲカ亜属
学名：*Culex (Culiciomyia) sasai*
大きさ：翅長 3.2-3.9 mm
分布：本州、四国、九州
環境：排水溝、古タイヤ、樹洞
備考：ヒトを吸血することはない。野鳥を吸血している。

フトシマツノフサカ

ヘビやカエルの血も吸う太縞角房蚊。

私的好感度 ★★★★

シマシマお腹がチャーミング。わたしの大好きなスポックの耳みたいな触角もすてき。男性にしかないのが残念だわ。(もなか姉さん)

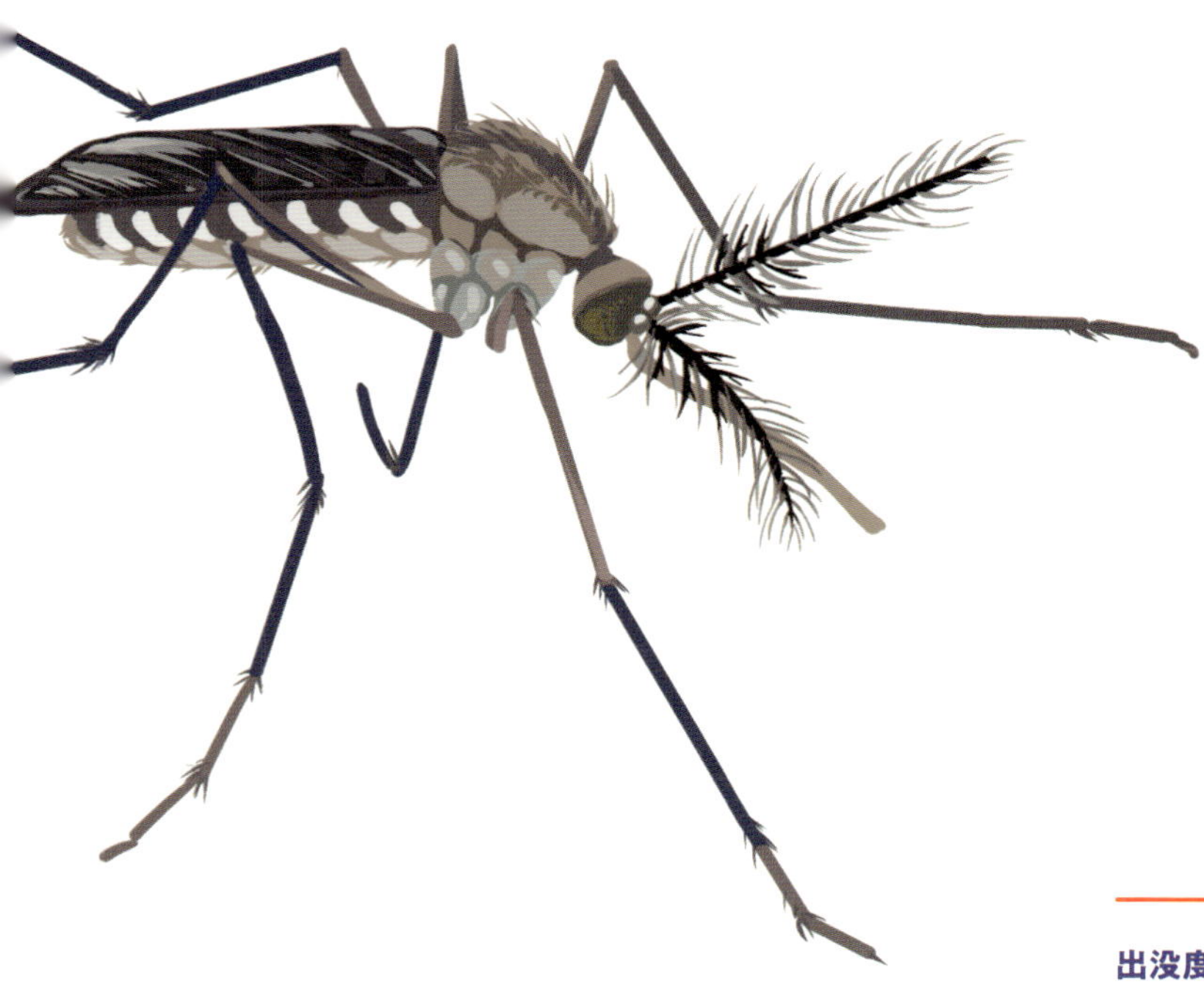

出没度 ★★
遭遇度 ★
吸血性
媒介性

どう読んだらいいか、
どこで切ったらいいか、
覚えにくい名前だけど、
お腹が太いシマシマで、
触角にツノのようなふさがある蚊って
覚えてちょうだい。
狭い空間で交尾ができるから、
おうちで飼うのもそんなに難しくないって。
カエルの血を吸う姿が見られるので、
ペットとしておすすめの一種です。

分類：カ科イエカ属ツノフサカ亜属
学名：*Culex (Lophoceraomyia) infantulus*
大きさ：翅長 2.8-3.5 mm
分布：日本全土
環境：湿地、渓流、カニ穴
備考：ヘビやカエルを吸血する。

アカツノフサカ

きれいな水にすむレア種。

出没度　★★
遭遇度　★
吸血性　（不明）
媒介性

私的好感度　★★★★

生きたのにお目にかかったことないの。レア種ってやつ？ツノフサカってオスの触角がすてきなので、好感度は無駄に高いわ。（ぶん子）

妹？のフトシマツノフサカ同様、カエルの血を吸うんじゃない？って思われてます。
きれいな水を好むキレイ好き。
幼虫時代の空気を吸うための呼吸管は、細くて長〜くて、とっても特徴的です。

分類：カ科イエカ属ツノフサカ亜属
学名：*Culex (Lophoceraomyia) rubithoracis*
大きさ：翅長 2.2-2.8 mm
分布：本州、四国、九州、沖縄
環境：池、湿地、清流
備考：吸血習性は不明。

コガタクロウスカ

日本各地でカエルの血を吸う。カエルもかゆくなるのか？

幼虫のころはきれいな川好き、
成虫になるとカエル好き。
それ以外のことはベールに包まれている。
かなりの秘密主義者。

私的好感度 ★★★
弱々しくて守ってあげたい。ぶん子は「ウスカがコイカになっちゃう」って言うけど、もう少し日の当たる場所に出たらどうかしら。（かのこ）

出没度 ★
遭遇度 ★★
吸血性
媒介性

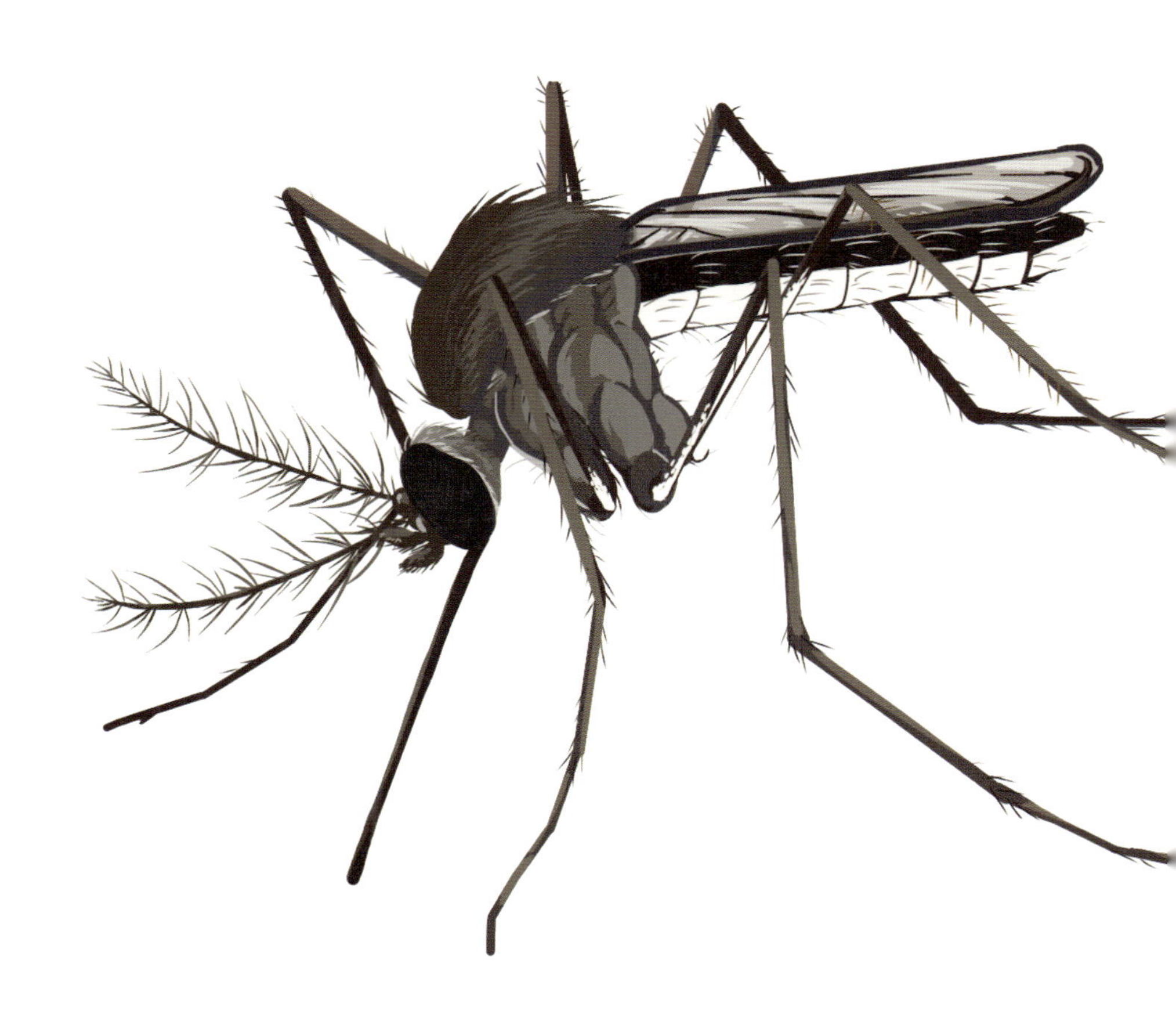

分類： カ科イエカ属クロウスカ亜属
学名： *Culex (Mochtogens) hayashii*
大きさ： 翅長 2.9-3.7 mm
分布： 北海道、本州、四国、九州
環境： 水たまり
備考： カエルの血を好む。琉球列島には亜種リュウキュウクロウスカが生息。

カラツイエカ

田んぼの用水路好き。ベジタリアンからトリ好きに変身。

田園風景大好き！
田舎暮らし最高ー！
幼虫のころは
藻類ばかり食べているベジタリアン。
成虫になるとトリも堪能します。
佐賀県唐津出身です。

私的好感度 ★★★★

かわいくないのでぶん子的に★2つなんだけど、かのこったらずっとカツライエカと思っていたみたい。笑えるから★増やしちゃう。（ぶん子）

出没度	★★
遭遇度	★★★
吸血性	★
媒介性	★

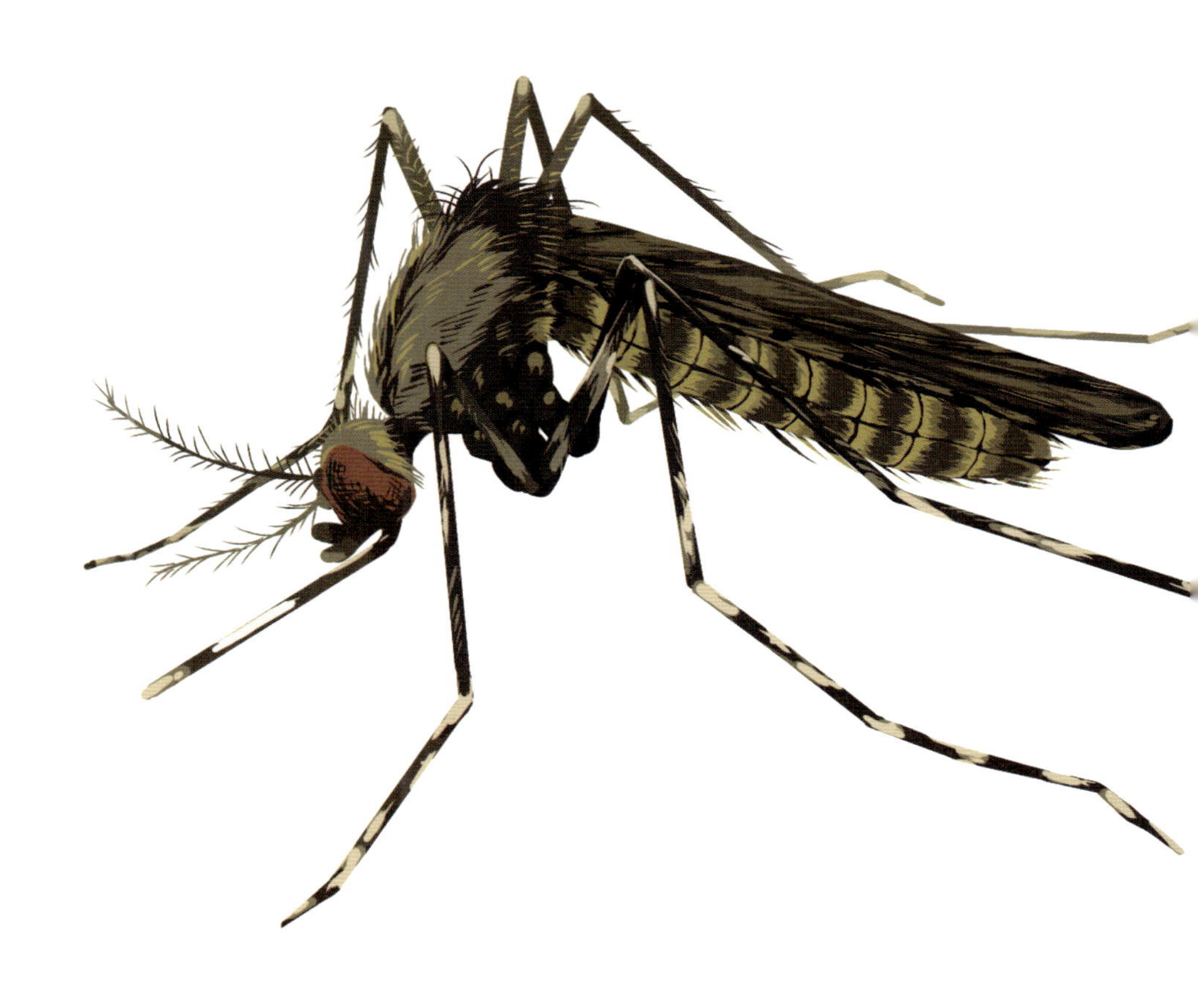

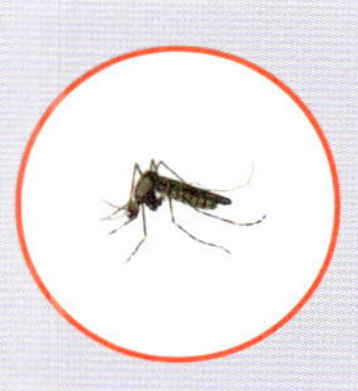

分類：カ科イエカ属カラツイエカ亜属
学名：*Culex (Oculeomyia) bitaeniorhynchus*
大きさ：翅長 4.3-4.8 mm
分布：青森、岩手、山形、山梨及び一部離島を除く日本全国
環境：水田
備考：ヒトも吸血するが、鳥類嗜好性が強いと考えられている。

トラフカクイカ

「蚊食い蚊」の名は伊達じゃない。ボウフラ食いのボウフラ。

幼虫時代は他の蚊の幼虫をバクバク食べちゃう獰猛なところあり。競争に負けないように体が大きい。成虫になっても体は相変わらず大きく、トリの血が大好き！脚に虎のような模様があって、自分でひそかにかっこいいと思っている。

出没度 ★★★★★
遭遇度 ★★★
吸血性
媒介性

私的好感度 ★★★★★

ボディの配色もなかなかのセンスだと思いませんか？　ほかの幼虫をつい食べちゃうけど、幼虫時代の顔もほんとかわいいので見てほしい。（かのこ）

分類：カ科カクイカ属カクイカ亜属
学名：*Lutzia (Metalutzia) vorax*
大きさ：翅長 4.4-5.8 mm
分布：日本全国
環境：雨水マスや古タイヤなど人工容器、水田
備考：鳥類吸血性

オキナワカギカ

アリから栄養分をいただく異端児。でも、それを見たことある人は世界で5人ぐらい。

出没度　★
遭遇度　★
吸血性
媒介性

日本にいる蚊の中でもかなりのユニークキャラ。幼虫はクワズイモの葉と葉の間にたまる水たまりが大好き。でも、水の量が少ないので、雨が降らずに水が干上がることもしばしば。ギリギリのところで生きていてかなりスリリングな生活を送っている。でも、厳しい環境だからこそ、他の生き物にとってはすみにくいので、敵に襲われる心配が少ないという利点も。けっこう、ちゃっかりしているのかも。成虫は生存、産卵のための栄養分をシリアゲアリからちょうだいしてます。

私的好感度　★★★★

アリをこよなく愛する蚊。動物は一切吸血しないからわたしはだ〜い好き。でも蚊の仲間では異端児なんだって。仲間外れはかわいそう。（もなか姉さん）

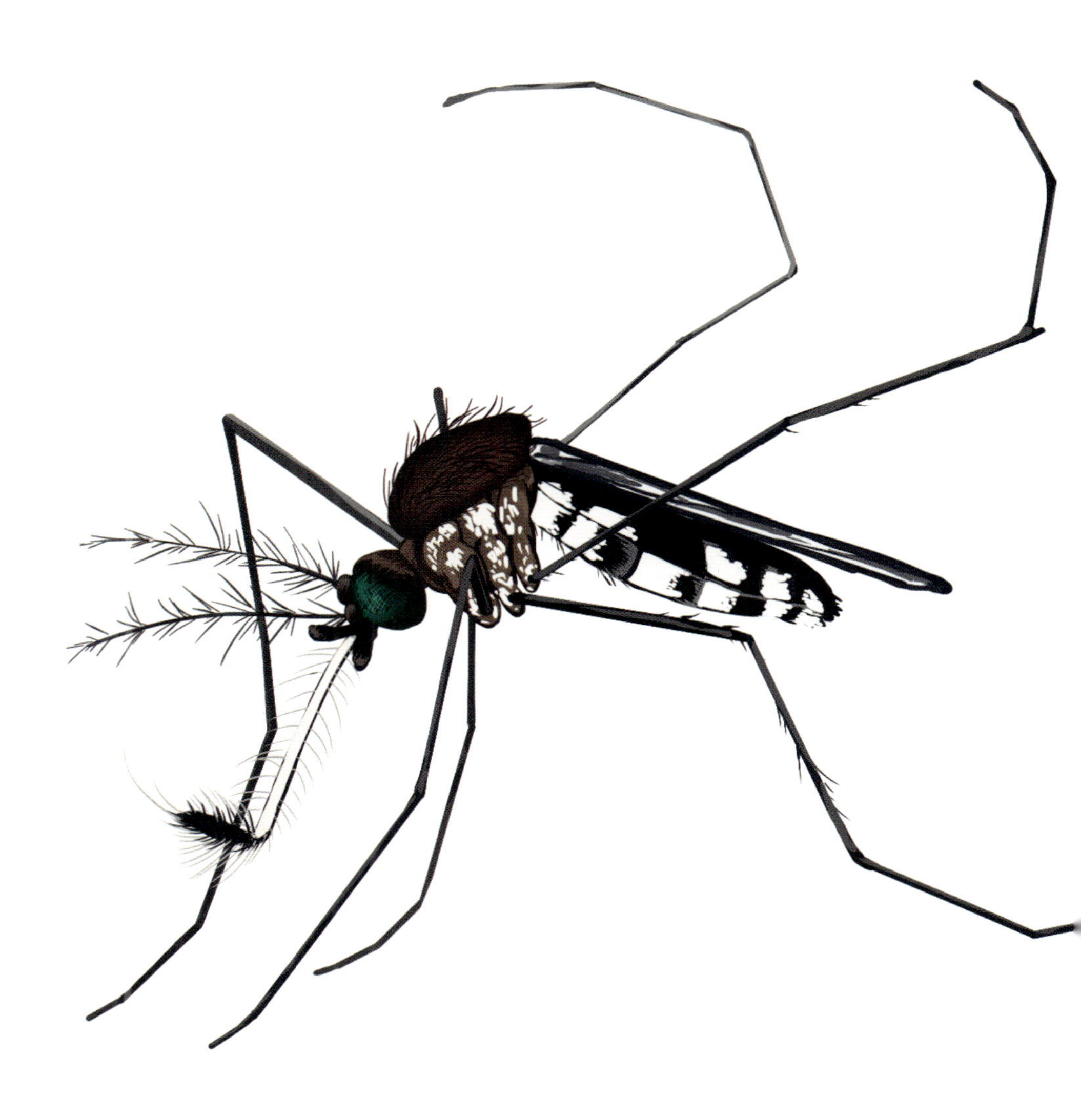

分類：カ科カギカ属
学名：*Malaya genurostris*
大きさ：翅長 2.0-2.6 mm
分布：琉球列島
環境：シリアゲアリ類のいるところ
備考：吸血はしない。シリアゲアリ類から栄養をもらう。

アシマダラヌマカ

水中深く水とんの術を使う幼虫。

幼虫は他の種と違って
呼吸のために水面に上がってこないので
なかなかお目にかかれない。
水生植物の根に呼吸管を刺して、
そこから空気をもらっている。
見かけることができたら超ラッキー♪
成虫は脚のまだらと
翅の非対称性の鱗片がトレードマーク。
ちょっと、ぽっちゃりしている。

出没度 ★★★★
遭遇度 ★
吸血性 ★★★
媒介性 ★★

私的好感度 ★★★★

幼虫の採集がとっても難しいの。水草をバシャバシャ踏んづけるヌマカダンスってのを踊らないと、まず採れないわ。幼虫もサナギも成虫もきれいだから必見よ。（ぶん子）

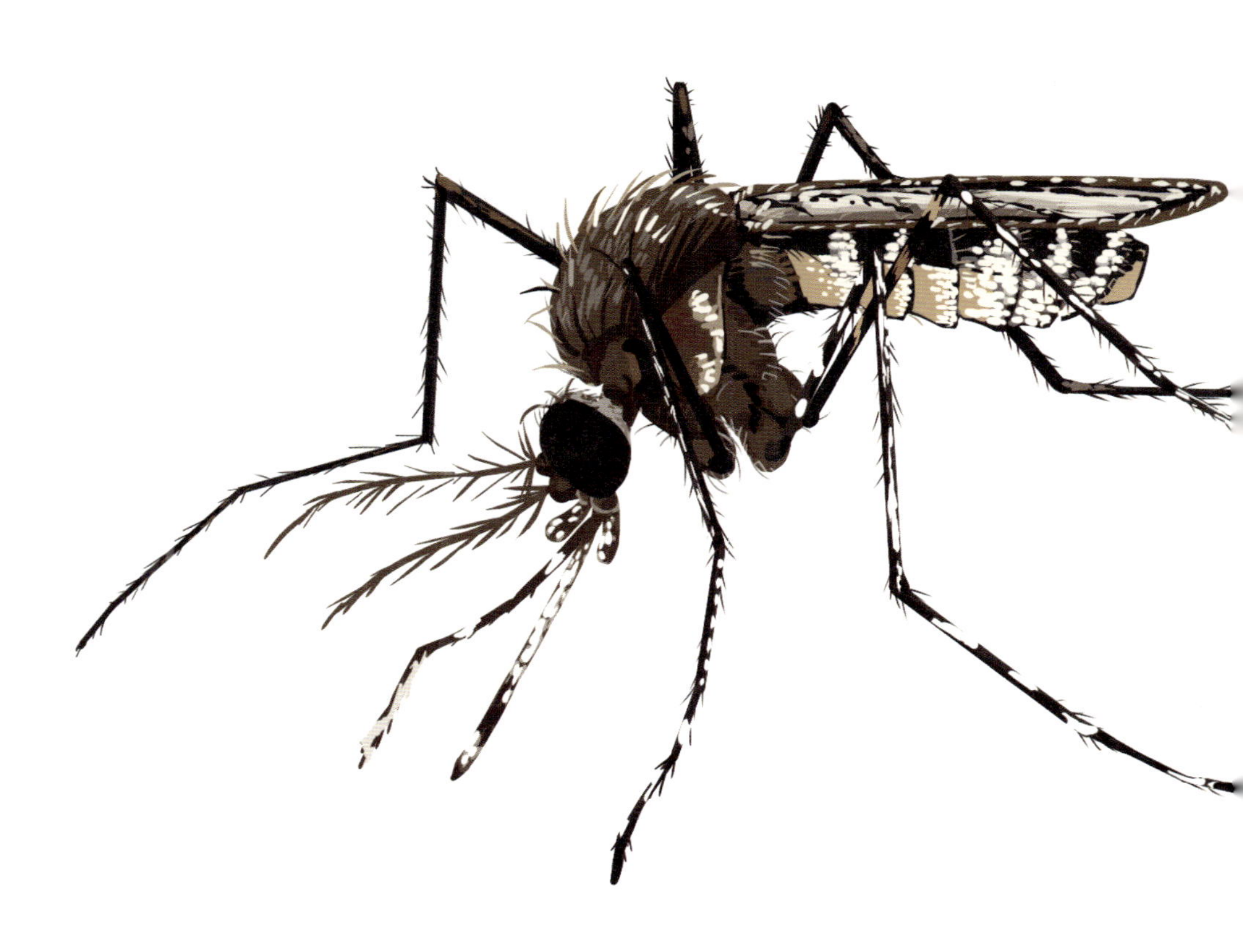

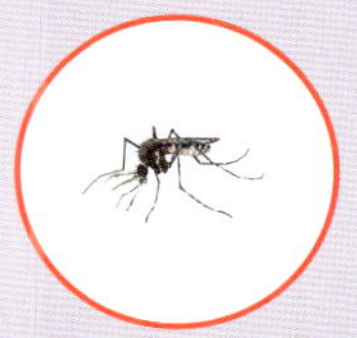

分類：カ科ヌマカ属ヌマカ亜属
学名：*Mansonia (Mansonioides) uniformis*
大きさ：翅長 3.5-4.6 mm
分布：本州、四国、九州、琉球列島
環境：沼、池、湿地
備考：幼虫は水生植物の根に呼吸管の先端を付着し、空気を取り込んで呼吸をする。

ハマダラナガスネカ

美しい長ーい脚と
吻にもある白いマークが目印。

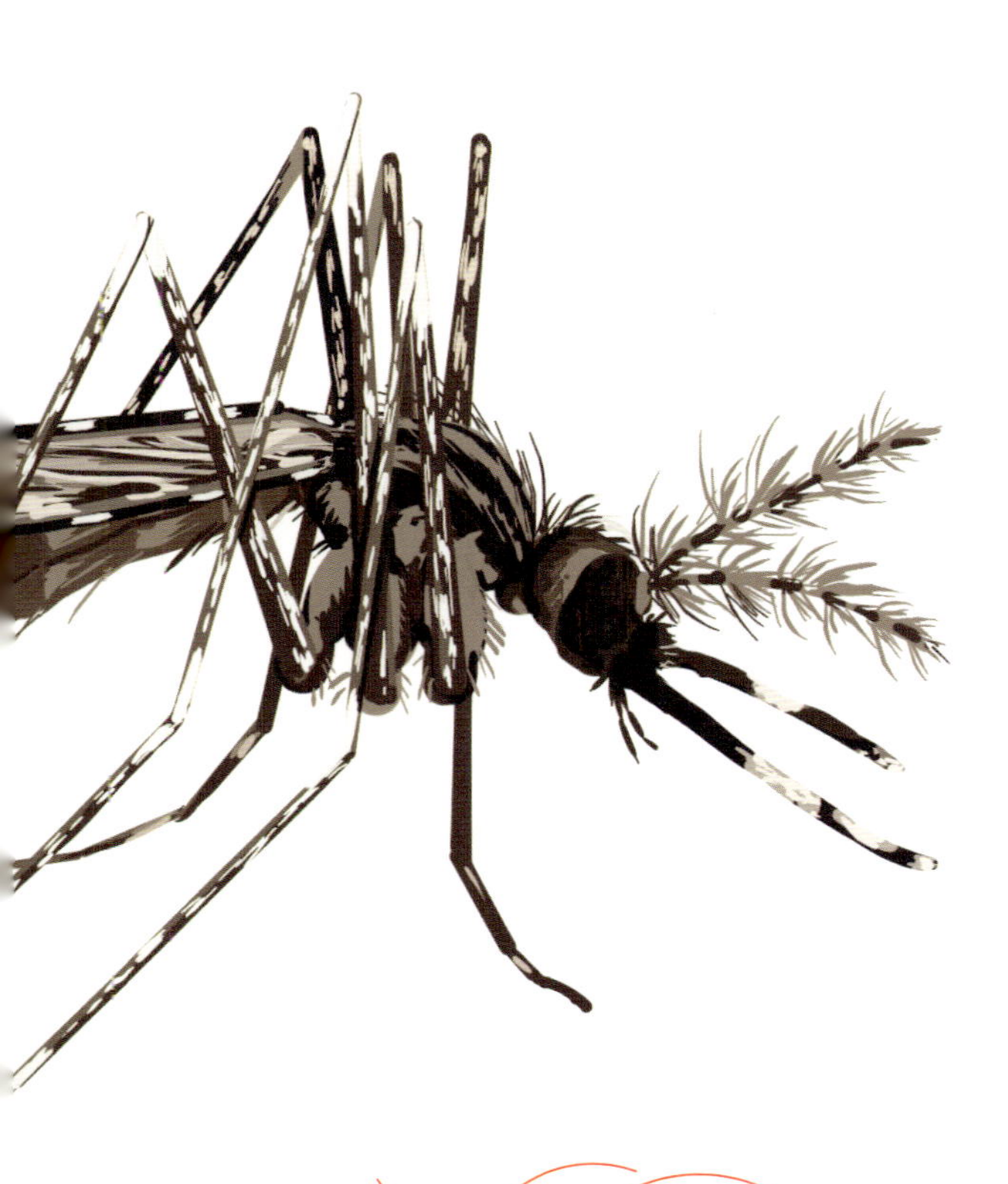

私的好感度 ★★★★

「なんか存在が地味」とか言われてますけど、シャイなだけです。試練を乗り越え美しい脚をもつ成虫になった姿を見て！（かのこ）

出没度 ★
遭遇度 ★★★
吸血性
媒介性

幼虫のころは樹洞でよく遊び、
ガキ大将のオオカにやられないように、
防護スーツを身にまとっている。
成虫になってからの脚の長さはけっこう自慢。
おとなしい性格なので、
せめて服装は派手なものを心掛けている。
好きな食べ物？　内緒です♪

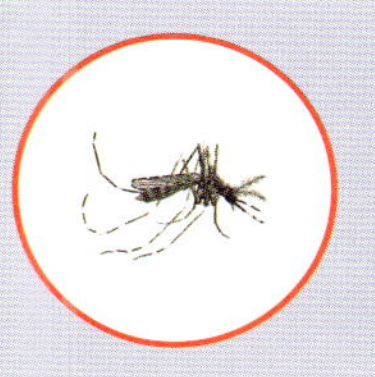

分類：カ科ナガスネカ属
学名：*Orthopodomyia anopheloides*
大きさ：翅長 2.9-4.3 mm
分布：本州、四国、九州、沖縄
環境：樹洞
備考：動物を吸血していると思われる。

トワダオオカ

大きくてエレガント。そして、花の蜜好きのレディ。

大蚊の名前の通り、世界最大の蚊の仲間。
十和田湖付近が生まれ故郷。
幼虫時代は、他の蚊の幼虫を
食べちゃうので恐れられている。
成虫になると、一転、
他の動物を吸血することなどせず、
おとなしく、花の蜜で卵を作る。
体中がまばゆいばかりの金、銀、紫等の
キラキラした鱗片に覆われているため、
隠れファン多数。
チビカ好きなファンには
大きいという理由で敬遠されがち。

出没度 ★
遭遇度 ★★
吸血性
媒介性

私的好感度 ★★★★★
ぶん子は大きすぎるって言うけど、美しさナンバーワン。究極のエレガンスに言葉はいらない(笑)。
(かのこ)

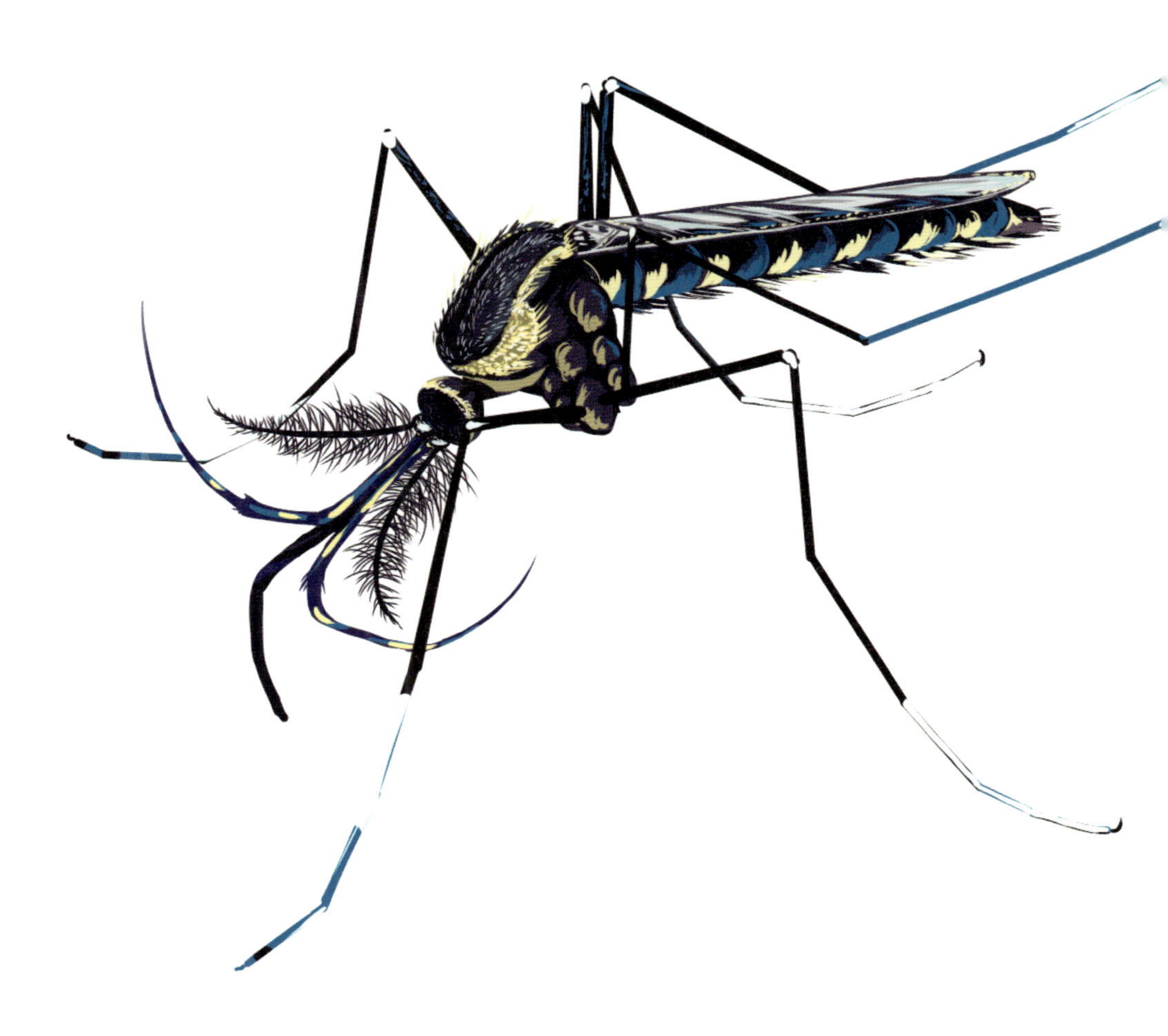

分類：カ科オオカ属オオカ亜属
学名：*Toxorhynchites (Toxorhynchites) towadensis*
大きさ：翅長 7.5-8.5 mm
分布：本州、四国、九州（局所的ではある）
環境：樹洞、岩のくぼみ
備考：琉球列島には亜種、オキナワオオカが生息。吸血しない種類。

キンパラナガハシカ

美しさナンバーワンか？キラリと光るおしゃれさん。

小さいころはモフモフで
丸っこくてなんとも言えず愛くるしい。
大人になると、
頭と太もものメタリックシルバー&ブルーの
差し色がすてきな
業界で一、二を争うおしゃれさん。
おっとりとした性格が誰からも愛されている。
竹林にいるとなぜかホッとするのは、
かぐや姫の生まれ変わりだからかも？

出没度　★★
遭遇度　★★★
吸血性　★
媒介性　（不明）

私的好感度　★★★★★

ティアラのような飾りもさることながら、紫色の美しい目で見つめられたらイチコロ。長い吻も優雅です。ぶん子は★100個だって。（かのこ）

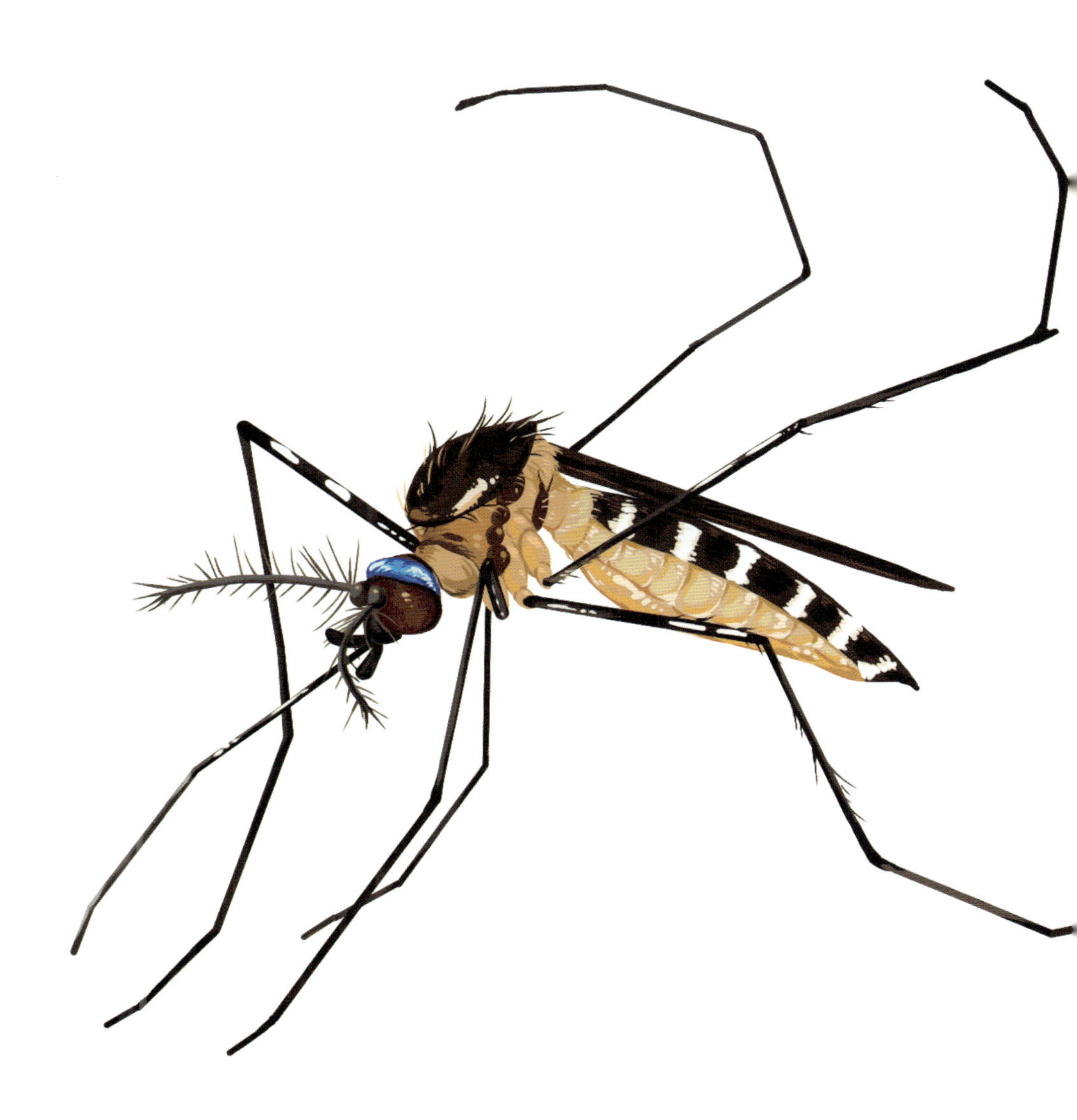

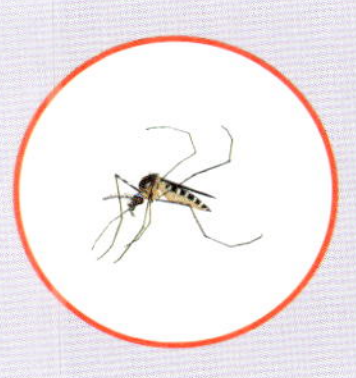

分類：カ科ナガハシカ属ナガハシカ亜属
学名：*Tripteroides (Tripteroides) bambusa*
大きさ：翅長 2.8-4.2 mm
分布：北海道以南に広く分布
環境：竹の切り株、葉の付け根、樹洞、水がめ、花立て
備考：八重山諸島には近縁種のヤエヤマナガハシカが生息。

フタクロホシチビカ

小さい体に黒い斑点がふたつ。幼虫も狭い水場で育ちます。

出没度 ★★
遭遇度 ★★
吸血性
媒介性

小柄なボディが
チャームポイント♪
背中、翅の根元に
黒い模様が2つあり、
名前の由来にもなっています。

私的好感度 ★★★★★

小柄でかわいいわ〜。なかなかお目にかかれないのもレア感があっていいわよね。わたし、生まれ変わったらチビカになりたい。（ぶん子）

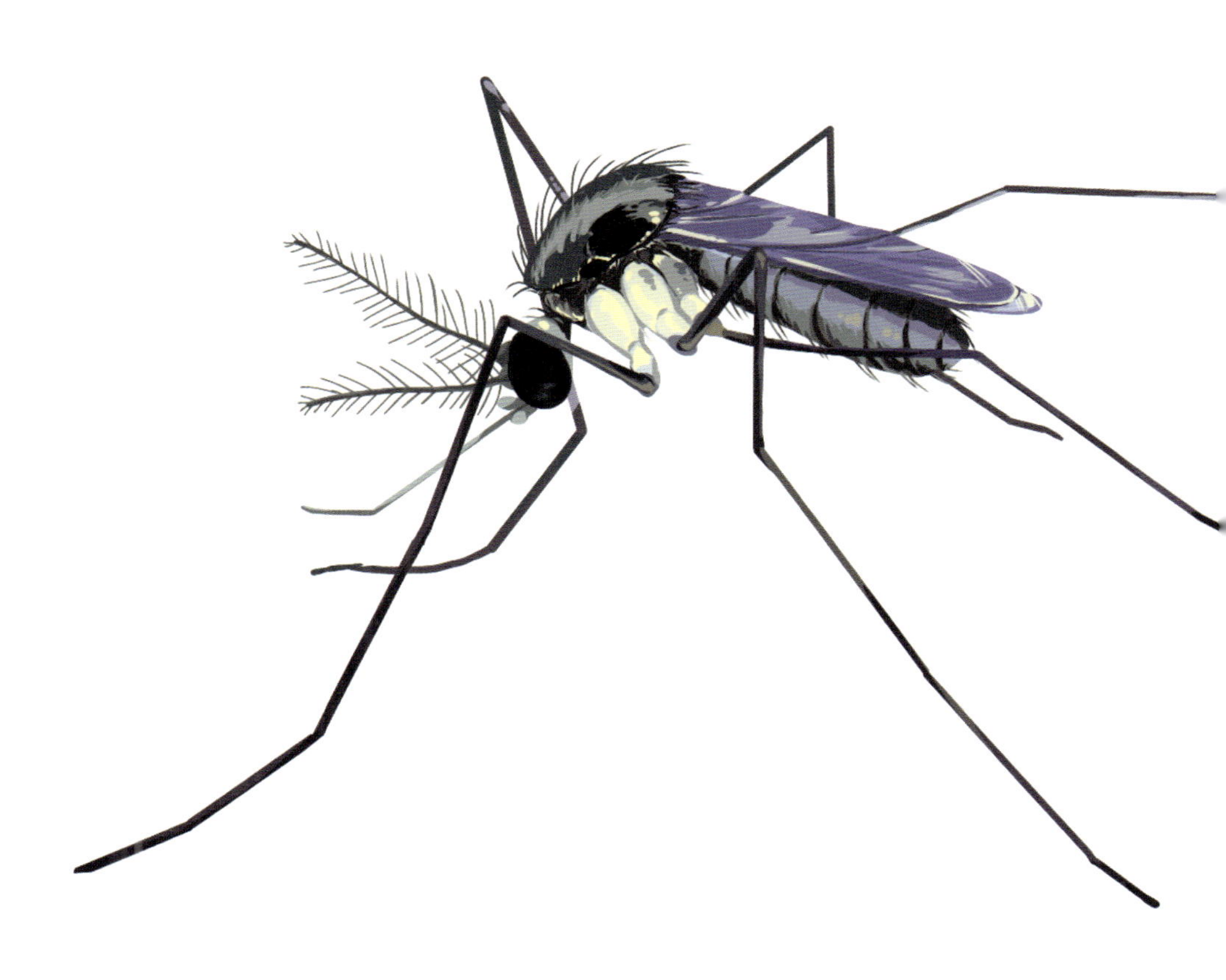

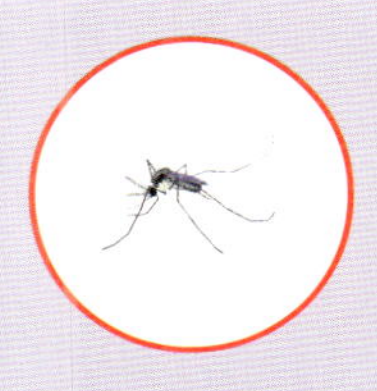

分類：カ科チビカ属フタクロホシチビカ亜属
学名：*Uranotaenia (Pseudoficalbia) novobscura*
大きさ：翅長 2.0-2.8 mm
分布：沖縄を除く日本各地
環境：竹の切り株、樹洞、花立て
備考：冷血動物を吸血。沖縄には亜種リュウキュウクロホシチビカが生息。

ガンビエハマダラカ

小さいながらもアフリカのおたずねもの。

私的好感度　★

マラリアをうつすのは体質のせいなのよね。望んだわけじゃないの。うん、わかるよ。ぶん子はそんなあなたを嫌いになれないわ。（ぶん子）

分類：カ科ハマダラカ属タテンハマダラカ亜属
学名：*Anopheles (Cellia) gambiae*
大きさ：翅長 2.8-4.4mm
分布：アフリカ大陸
備考：熱帯熱マラリアを伝播。特にヒトを吸血する。大小さまざまな水たまりから幼虫が発生し、コントロールが難しい。

ネッタイイエカ

アカイエカとうりふたつ。寒さが苦手な南国生まれの南国育ち。

ヒトスジシマカ、オオクロヤブカとともに人好きでドメスティックモスキート三姉妹と言われているなんて、わたしたち蚊の姉妹みたい。（かのこ）

分類：カ科イエカ属イエカ亜属
学名：*Culex (Culex) quinquefasciatus*
大きさ：翅長 3.0-4.3 mm
分布：世界の熱帯、亜熱帯地域
環境：人家周辺
備考：バンクロフト糸状虫症、ウエストナイル熱を伝播。小笠原、屋久島、琉球列島に分布。近年、九州や四国でも生息している可能性も。

8分間自らをエサにして蚊を集める調査も。

蚊の採集方法

蚊は殺虫剤で殺せばいいじゃない?って思うでしょうが、あえて殺さず生け捕りする方法を紹介します。

日本脳炎の蚊はコガタアカイエカ。豚舎に行けば吸血して満腹で休んでいる蚊が壁にたくさんいます。それを細いガラス管（吸虫管）で1匹ずつ吸ったり、海外では日没直後に大量のメスが吸血にやってくるので昆虫網で集めます（スウィーピング法）。海外では、柵やコンクリートで軽く囲っただけの豚舎が多いので、ブタに舐められるスリルを味わいながら、ブタの周りを飛んでいる蚊を採集します。

一方、デング熱の蚊には人おとり法が効果的。蚊がいそうな場所に立って吸血にくる蚊を待ちます。ぷ〜んと蚊が寄ってきたら、ふわりふわりと網を振ります。流行地ではウイルスをもったネッタイシマカやヒトスジシマカがいるので、刺されないよう忌避剤を塗って防御します。ちなみに、海外のデング熱流行地では、8分間の人おとり法で最高7匹しか寄ってきませんでした。一方日本では、200匹以上という気絶しそうな数のメスが寄ってくる場所もありました。日本はヒトスジシマカ大国なんです!

ウエストナイル熱の蚊はネッタイイエカ。二酸化炭素を発生するドライアイスを使って蚊を集めます（CO_2トラップ）。一晩たつとトラップに蚊が吸い込まれています。海外で、「家の中にトラップを置いてもらえますか?」「どうぞ、どうぞ」と蚊がたくさん採れた暁には、喜んでいいのやら複雑。

第5章

蚊と人間のまじめな話

蚊が媒介する感染症

日本でもリスクが高まっているさまざまな病気

日本には約110種類いる蚊

わたしたちの家の周りには、カブトムシやチョウチョやトンボのように、「かっこいい！　美しい！」と見える虫や、「普通だけどおもしろいよね」など、その存在が肯定される虫ばかりがいるのではありません。姿は美しくても（もちろん美しくない虫や普通の虫もいますが）、人に感染症をうつす虫は案外多いんです。その代表は「蚊」でしょう。蚊は最も多くの節足動物（昆虫やダニやクモなど）が媒介する感染症の流行に関わり、世界中に約3600種、日本国内にもそのうち約110種がいることがわかっています。それでは、皆さんに覚えてほしい蚊が媒介する感染症を紹介します。

日本も無関係ではない蚊が媒介する感染症

まずは、ヒトスジシマカ（▼78ページ）とネッタイシマカ（▼76ページ）。デングウイルスを媒介してデング熱やデング出血熱を流行させます。デング熱には世界中で年間約4億人が感染し、約25万人がデング出血熱を発症しています（死亡数は約2万人）。この数十年で患者数は激増し、世界の人口の半数が感染のリスクに曝されています。デング熱は自然に回復する軽い感染症といわれますが、38・5℃以上の高熱、発疹、関節痛、全身のだるさ、頭痛などの症状は大変辛いものです。また、デング出血熱になるとまれにショック状態で死亡することもあります。国内では、1942年から3年間にわたり総患者数20万人の国内感染例がありました。2014年に代々木公園を中心にデング熱が流行したことはまだ記憶に新しいと思います。国内感染例の発生は約70年ぶりですが、昔から媒介蚊であったヒトスジシマカの個体数は現在も非常に多く、北海道を除く全国の様々な環境に普通に生息しています。

デング熱の媒介蚊と同じ蚊がジカウイルス感染症の伝播にも関係します。1947年にウガンダのジカの森のサルから初めてジカウイルスが分離されました。その後アフリカ大陸では小さな流行が起きていましたが、2007年にミクロネシア・ヤップ島、2013年に仏領ポリネシアで流行し、2015年にはブラジルから中南米に至る大流行が起きました。海外で日本人が初めて感染した（輸入症例）のも2013年で、ボラボラ島で蚊に刺されたそうです。2016年のリオデジャネイロオリンピックを契機に、海外への流行拡大が懸念されました。症状はデング熱とよく似ていますが、微熱、皮疹、結膜の充血、頭痛、関節痛などで、さらに軽い症状に気がつかない場合（不顕性感染）が80％を超えるほどだそうです。しかし、妊娠中に女性が感染すると小頭症の赤ちゃんが生まれる割合が高くなり、ギラン・バレー症候群との関連性も指摘されています。

同様にチクングニア熱もネッタイシマカやヒトスジシマカが媒介します。アフリカの現地語でチクングニアは「かがんで歩く」という言葉に由来するそうで、関節の変形が後遺症として残ることが多いようです。国内の輸入症例は年間10名前後と決して多くはありませんが、日本にもいるヒトスジシマカの体の中で増えやすい変異したウイルスも見つかっており、日本でも注意が必要です。

ネッタイシマカは、かつて国内でも沖縄や小笠原諸島に生息し、熊本県内にも1944～47年に一時的に生息していたという記録があります。しかし、1955年以降は国内から消滅したとされ、現在は外来性の蚊と考えられています。ところが2012年、成田空港で初めてネッタイシマカの幼虫とサナギが見つかり、一時的でも空港の敷地内で繁殖していたことが明らかになりました。その後もいくつかの国際空港で毎年発見されており、ネッタイシマカの定着が危惧されるようになってきました。今後は、ネッタイシマカによるデング熱の流行にも注意する必要がありそうです。

日本脳炎は、アジア全域から西太平洋地帯に広く分布し、ヒトに重篤な脳炎を起こします。世界的には年間6万8000人が感染し、その30％以上が死亡しています。日本でも1924年には6000人以上の患者と60％以上の死亡率を記録しましたが、1960年代後半から始まったワクチン接種や、幼虫の発生源である水田の水管理が変わったこと、ウイルスをよく増やす動物であるブタの畜舎が住居と離れた場所に移ったことなどにより患者数は急速に減少しました。1992年以降の国内の患者発症数は年間10名以下となり、ついに2018年は患者数ゼロの年を記録しましたが、媒介蚊であるコガタアカイエカ（▼96ページ）やウイルスが増殖するブタ（増幅動物）の中では依然としてウイルスの活動は活発で、ヒトが感染する機会は決してなくなってはいません。コガタアカイエカは非常に長い距離を飛ぶ蚊であることが知られていますが、事実、中国では200キロ以上の距離を飛んでいることが観察されました。また最近では、日本脳炎ウイルスを運んで、蚊が東シナ海を渡ってくると推察されており、国内での患者発生を予測するには、近隣の諸外国での流行を監視することが重要だと考えられています。

日本にもあったマラリア

マラリアは、世界中で年間約3億人の患者数と50万人が死亡する、結核、エイズと並びWHOが定める世界の3大感染症の一つです。91カ国で流行しており、世界の人口の約40％に当たる24億人が感染の危機にあるといいます。国内では1960年代以降は、主にシナハマダラカが媒介した三日熱マラリア（土着マラリア）は消滅したと考えられています。土着マラリアは、明治時代の北海道道央地区で屯田兵の兵屋で流行した三日熱マラリアや、戦後に本州中部5県から多数患者が発生した例（特に滋賀県での患者発生が多かった）を指します。一方、第二次世界大戦時に八重山諸島（特に石垣島と西表島）に疎開した住民の多くが熱帯熱マラリアに罹患し、多くの死者が出た流行を戦争マラリアといいます。特に、西表島に強制疎開させられた波照間島の住民のマラリア罹患率は99％を超え、3647名が死亡したと報告されました。ちなみに、八重山諸島における戦争被害は、空襲による死者は

174名でした。このようにして、1980年代以降は海外渡航者による輸入マラリア症例のみとなりましたが、国内には媒介蚊となるハマダラカ属の蚊は複数生息しており、三日熱マラリアを媒介するシナハマダラカ（▼58㌻）は日本各地に、オオツルハマダラカも各地に局在しています。また、熱帯熱マラリアを媒介するコガタハマダラカは西表島を含む先島諸島に依然として生息しています。

日本の住宅地周辺では、アカイエカとヒトスジシマカで95％以上を占める場所も多く、この2種類が普通種といえます。アカイエカの仲間（▼92㌻）は感染症には関係がないかというとそうではありません。古くは、バンクロフト糸状虫やイヌ糸状虫を媒介し、本州から沖縄県に至る広範囲に流行していましたが、1970年代に沖縄県で治療された患者さんを最後に根絶宣言が出されるまで、長きにわたりフィラリア症の重要な媒介蚊でした。現在は、もし国内にウエストナイル熱が侵入した場合は、媒介蚊となる可能性が最も高い、潜在的媒介蚊と考えられています。ウエストナイルウイルスは、1937年にウガンダの西ナイル地方で初めて確認され、その後アフリカ大陸に拡大し、欧州にも飛び火しました。1999年には突如として米国ニューヨーク市で患者が発生し、その後の4年間で全米にウイルスが広がりました。主な症状は、発熱・頭痛・咽頭痛・背部痛・筋肉痛・関節痛などの軽い風邪症状ですが、感染者の80％は症状が現われず、0・6〜0・7％が脳炎を発症するとされています。ヒト以外ではカラスを中心に300種以上の野鳥が死亡し、ウマへの感染と致死が確認され、媒介蚊となる蚊の種類は60種を超えると考えられています。鳥類と哺乳類の両者を好んで吸血するアカイエカの仲間が特に重要な役割を果たします。米国北部ではトビイロイエカが、南部ではネッタイイエカが媒介蚊であることが知られていますが、両種はともにアカイエカと近縁の種類であることから、日本ではアカイエカがウエストナイル熱の媒介蚊になるだろうと考えられます。

近年の著しい交通網の発達や物資の流通の活発化等により、感染症媒介蚊が海外から機械的に運ばれてくること、侵入した外来性の蚊の定着が危惧されています。

蚊の防除の話

最新事例から読み解く蚊との攻防

2014年のデング熱媒介蚊の防除

皆さんは、2014年夏にデング熱の国内感染例が起きたのを覚えていますか？　その前の国内感染例は1940年代まで遡ります。当時はまだ第二次世界大戦中で、多くの兵隊の方が、南方からウイルスやネッタイシマカと一緒に船に乗って、何か月もかけて復員されていました。当時から国内にはヒトスジシマカがいましたが、ネッタイシマカも一時的に九州に定着してしまい、2種類の蚊が媒介蚊となって1942年からの3年間で計20万人もの患者が出ました。あれから約70年。代々木公園を中心とした162名の国内感染例が起きてしまったのです。当時の対応を振り返ってみましょう。

事例1　代々木公園の例

2014年8月27日に1人の大学生がデング熱を発症したことが国内感染第一例として報道されました。その後の調査で、8月4日に蚊に刺されていた別の患者さんがいたことがわかりましたが、媒介蚊であるヒトスジシマカの対策は8月28日から始まりました。28日夕方に1回目のピレスロイド系殺虫剤の散布が行なわれ、9月4日から10月下旬まで代々木公園の一部が閉鎖されました。週に1回の蚊の捕獲調査とウイルス検査から、9月中旬までウイルスをもった蚊がいたことがわかりました。東京都は合計5回の殺虫剤散布により成虫を、昆虫成長制御剤（IGR）を雨水マスに投入して幼虫を駆除しました。代々木公園が所在する代々木の森には3つの施設がありますが、特にその境界に蚊が多く潜んでいました。対策が難しいヤブは、むしろ蚊が好む隠れ家になったようです。3施設が一斉に対策しないときは、蚊はそのヤブを行き来して殺虫剤の攻撃をかわしていたのかもしれません。幸い9月下旬以降は自然に蚊の数が少なくなり、10月31日に公園閉鎖が解除されてデング熱の流行は終息しました。

事例2　住宅地の例

都内の住宅地で蚊に刺されたというデング熱の患者さんがいました。通常は半径100メートルが殺虫剤を散布する範囲になりますが、それではその中心が患者さんのお宅であるとわかってしまいます。プライバシーの問題です。その対応として、○丁目○番地という街区全体で対策をすればいいと気づきました。しかし、患者さんのお宅は特定されにくいものの、散布範囲が一辺150メートルから200メートルを超えるような四角になり、かなり広い範囲を対策範囲とせざるを得なくなりました。公共の公園や施設とは違い、住宅地での対策がかなり難しいと痛感した事例です。

蚊の対策の考え方

嫌われ者の蚊を退治することに皆さんは大賛成でしょう。しかし、蚊を世界中から抹殺することは無理ですし、むしろ頑張ってゼロにする必要はないと考えられています。蚊が問題を起こさないレベルに防除の目標を設けて、ヒトや環境への安全性を考えながら総合的に防除することが望ましいという考え方（総合的有害生物管理：IPM）に基づき蚊の被害に対応しています。一方で、新たな殺虫剤の製造は激減し、殺虫剤抵抗性の蚊が出た場合に代替となる薬剤がない状況が続いています。

WHO（世界保健機構）は①化学的防除（Chemical Control）、②環境的（物理的）防除（Environmental Control）、③生物学的防除（Biological Control）の3つの柱で蚊の対策を考えています。

①化学的防除と殺虫剤の種類

殺虫剤を使った駆除方法で、現在の主流は蚊取り線香の成分に似せて作られたピレスロイド剤です。ヒトへの影響が厳しく審査された医薬品と医薬部外品に分かれます。多くはホームセンターなどで購入でき、一般家庭でも広く使われています。しかし、殺虫剤を繰り返し使っていると、どんな殺虫剤も効かない個体が生き残って、徐々にその集団が広がっていきます。ネッタイシマカではすでに世界中に抵抗性の集団が生息しており、ヒトスジシマカにも抵抗性の個体がアジアから見つかっています。

ピレスロイド剤が効かない場合は、有機リン系の殺虫剤が使われます。こちらは比較的抵抗性が発達しにくいとされていますが、抵抗性の集団も徐々に見つかってきています。以上の薬剤は成虫用ですが、幼虫用には昆虫の脱皮を制御する幼若ホルモンの構造に似せて作られたIGR製剤が使われます。蚊以外の生物にはほとんど影響がなく、ヒトにも環境にもやさしい薬剤ですが、こちらにも抵抗性の問題が徐々に忍び寄ってきています。

②誰でもできる環境的（物理的）防除

幼虫の発生源を撤去するなど、環境を整備する方法です。たとえば、家の周りには植木鉢の水受けがあり、公園や広場には空き缶やペットボトルなどが放置された風景をよく目にします。こんな小さな水域からヒトスジシマカの幼虫が発生します。1週間に一度、植木鉢の水受けの水を捨てれば、ボウフラが成虫になることを防げます。家の周りのことなので簡単で、誰でもできます。一方、公共の場所では、雨水マスが一番の発生源です。そこでの対策は自治体の役割です。今では担当者が減ってしまった自治体もありますが、そこは市民の声を届けることが肝心です。幼虫の数を減らせば成虫の数も減り、皆さんが刺される回数を減らし、感染症の伝播を防ぐことにつながるのです。

③期待される新たな生物学的防除法

デング熱やジカウイルス感染症の流行地では、環境的（物理的）防除に限界が生じ、ピレスロイド剤も効かなくなった地域が多くなっています。そこでは、新たな技術を取り入れた生物学的防除法が検討されています。

・共生細菌の利用

1924年にボルバキアという共生細菌がアカイエカから発見されました。これをもっているメスだけが子孫にボルバキアを残します。オスは感染すると多くは死にますが、ボルバキアが生き残るためにオスをメス化する現象も知られています。最近では、このボルバキアにデングウイルスなどの病原体を殺す働きがあることもわかってきました。そこで、ボルバキアをもたせたネッタイシマカを大量に野外に放し、野外の集団を置き換えてデング熱を阻止する試みが海外で実施されました。外から蚊が侵入しない場所（たとえば離島など）では、ある程度の効果が期待できますが、それでも野外の集団が置き換わるには数十年もかかると計算されました。

・遺伝子を導入したオスを野外に投入

人為的に遺伝子を組み換えたオス（GMM）を野外に放して野外集団を置き換える方法も検討されています。たとえば、蚊に致死性の遺伝子やマラリア耐性遺伝子などが導入遺伝子の候補に挙がっています。しかし、従来の遺伝子改変技術では、定期的に大量のGMMを野外に放し続けても数十年はかかると言います。そこで、それらの遺伝子を正確な位置に導入して、さらに高率に遺伝させる画期的な技術が生まれました。それが2000年以降に急激に発展したゲノム編集技術です。これによって前出の致死性遺伝子やマラリア耐性遺伝子などの外来遺伝子を効率よくオスに導入できるようになりました。近年では一層効率的な技術が開発され、より簡便に操作できるようになり、現在では多くの研究室で利用されています。

・遺伝子ドライブで加速的に蚊を根絶

さらに、目的の遺伝子を高率に子孫に遺伝させる遺伝子ドライブという技術も開発されました。わたしたちが教科書で習ったメンデル遺伝では、ある形質が子孫に遺伝する確率は1対1（50％）ですが、50％以上の確率で子孫に伝わる遺伝子が見つかったのです。これがドライブ遺伝子と呼ばれるものです。実験的には100％近くまで遺伝させられるとのこと。このドライブ遺伝子と導入したい遺伝子（マラリア耐性遺伝子や致死性遺伝子など）をセットにして、ゲノム編集により導入すると、致死性やマラリア耐性の形質も高率に子孫に遺伝することになります。実際に、遺伝子を導入したハマダラカやネッタイシマカを遺伝子ドライブで短期間に野外に定着させ、マラリアやデング熱の流行の阻止を目指しています。しかし、役に立つ遺伝子だけが高率に遺伝するのではなく、（今は知られていない）有害な遺伝子も同程度に受け継がれる可能性もあることから、まだまだ議論が必要な技術です。

蚊と人間・・別の未来

人類を救うことだってあるのです。

蚊に学んだ技術

蚊を研究していると、人類に役に立つこともいろいろあることがわかってきました。「痛くない注射針」はすでに紹介しました（▼46ページ）。それ以外にも「血液凝固阻止と麻酔薬」があります。蚊の唾液には数種類の局所麻酔薬が含まれていて、吸血の際に下咽頭と呼ばれる針から血が固まらない成分（アピラーゼ）と一緒に注入されます。これらの物質でヒトは針が刺さっても気がつかずに3分間は血を提供してしまうんです。麻酔薬と血液凝固阻害剤の研究に大いに貢献しています。

そのほかにも、蚊は二酸化炭素（呼気）を検知し（バイオセンサー）、体温の高い人や場所を感知します（サーモセンサー）。また、触角には汗や乳酸の匂いをかぎ分ける臭覚センサーがあり、毛細血管を探し当てる超音波センサーも持ち合わせています。翅の動きはヘリコプターそのもの。蚊の複眼は、人間のレンズ眼よりもはるかに性能の良い光ファイバーで、360度の視野と紫外線を見分ける機能が付いています。これをカメラや内視鏡の開発に利用しない手はないでしょう。このように、医療分野や物理工学などの様々な分野で最先端のミクロテクノロジー技術の開発に貢献しています。

蚊も昆虫食になる!?

そして話題の「昆虫食」です。2050年には世界の人口は100億人に膨れ上がり、食糧不足や栄養不足の人口が増加するといわれています。近い将来の食糧危機を救うための食料として「昆虫食」を推奨するヒトも少なくありません。たとえば、アジアではタガメやセミを油で揚げたり、アフリカでは大発生したバッタを緊急食糧として食べることが知られています。日本でも、ハチの子、イナゴの缶詰、カイコの蛹や繭、ザザムシなどを食べる地域がありますが、世界中では1400種類の昆虫が食用になっているとのことです。昆虫はタンパク質やミネラルを多く含み、脂肪の質が高い、バランスの良い食材です。また、他の家畜と比べて非常に安価で生産できて、飼育に広い面積も必要としないという経済的にも大きな利点があります。事実、将来的に宇宙ステーション滞在や火星への移住の際の宇宙食として開発も進められているようです。

アフリカ大陸のヴィクトリア湖畔では、牛肉に代わって虫をこねた団子をパテにするハンバーガーがあるそうです。この地域では毎年フサカが何兆匹も発生するため、住民がこの虫を集めてハンバーグにするとのこと。通常の牛肉ハンバーグの数倍もタンパク質が多いなんて、栄養満点の料理なんですね。また、中国では蚊の目玉は高級スープになるらしいですし、メキシコでは、蚊の卵を焼いてトルティーヤ(トウモロコシのパン)に挟んで食べるのがおしゃれなんだそう。

蚊などの昆虫を食材とする料理があることはわかっていただけたと思いますが、しかし、昆虫のタンパク質は所詮ヒトにとっては異物なので、アレルギーの発生、昆虫のエサとなる農作物への残留農薬の影響、寄生虫や菌をもっていることもあるので生食は危険が伴う、などの問題が指摘されています。昆虫食を試すときはくれぐれも注意してくださいね。

皆さん、少しは蚊を見直してもらえたでしょうか?ここまでくると、「あっ蚊だ!(パチン)」とする前に、ちょっとは躊躇しますよね?　蚊に吸血されたり、病気をうつされたりはもちろん勘弁ですが、迷惑だと思ったこの隣人たちが、人類の未来に貢献するヒーローに見えたりしませんか?

蚊の研究者の端くれのわたしたちは、皆さんがこの本で蚊の姿に感動し、蚊の行動に興味をもってくださり、最後は大好きになっていただけることを期待しています。

おわりに

「蚊は世の中に必要なの？」という質問をときどき受けます。確かに、蚊に刺されることによって病気になってしまう人も世界にはたくさんいます。わたしの研究は昆虫たちが運ぶ感染症を制御する方法を考えることです。でも、そんな悪さをする蚊はほんの一握りです。また、蚊が他の昆虫や魚、鳥などのエサになっていることも事実です。蚊に花粉を運んでもらっている植物もあります。ですから、「蚊は世の中に必要なの？」という質問には、簡単に答えることができません。確実に言えることは、蚊を絶滅させることは不可能だということです。それならば、蚊の多種多様な生き方、姿かたちを伝え、正しい知識をもって蚊と接してほしいと思い本書を作成しました。そして本書が蚊のみならず、地球上の生物多様性についてちょっと考えてみるきっかけになればと、そう願っています。

蝶たちの美しい羽の模様に魅せられている人は多いと思います。鮮やかな色彩、バランスの良いデザインに絶妙な色相、まさに自然が生み出した芸術作品です。わたしにとって、鱗片で作られる蚊の体表の模様も、蝶の羽同様、美しく天然の芸術作品です。パチンと蚊を叩いて殺したときに、ぜひ一度、虫眼鏡で蚊を覗いてみてください。ちょっと光沢があったり、鮮やかな色をしていたり、小さな小さなうろこ状の鱗片に驚くことと思います。いつも目にしている日常の景色を、ちょっとゆっくり眺めて、「あれ、こんなところに……」的な発見をしたときは心が躍りませんか？　そんな発見があるはずです。

小さな蚊の神秘を多くの人に伝えたい、そんなわたしの願いを形にするためにお力を貸してくださった方々に感謝の意を伝えたいと思います。日本津々浦々にアンケートを届けるのに協力してくださった工藤千加子さん、高瀬明乃さん、林美和さん、森本彩子さん、和田多映子さん。昆虫学の歴史、意義を教えてくださった師匠、栗原毅先生。蚊の生態、形態の奥深さを教えてくださった宮城一郎先生、津田良夫先生。学問とはなにか教えてくださった松本芳嗣先生。朝賀仲路さんのすばらしいイラストがなければ本書は完成しませんでした。心和むイラストを描いてくださった牛久保雅美さん。忍耐強くお付き合いいただきました山と溪谷社の神谷有二さん。最後に、変わった姉妹もいるものだ、と思いつつ本書を手にしてくださったみなさま、本当にありがとうございました。

（かのこ）

さくいん

参考文献

Fernandez-Grandon GM, et al, Heritability of Attractiveness to Mosquitoes. PlosOne 10(4):e0122716, 2015
Gillies, MT, De Meillon B, The Anophelinae of Africa south of the Sahara (EthiopianZoogeographical Region). Publications of the South African Institute for Medical Research 54(1-343), 1968
Tanaka K, et al, A revision of the adult and larval mosquitoes of Japan (including the Ryukyu Archipelago and the Ogasawara Islands) and Korea (Diptera: Culicidae).
Contributions of American Entomological Institute. 1979;16:1-987.
青柳誠司、マイクロニードルの開発における可視化―蚊を模倣した痛みの少ない注射針の開発―、可視化情報 33:25-28、2013
江下優樹、栗原毅、岡田一次、王乳を与えたヒトスジシマカの産卵の観察、衛生動物 25(2):135-139、1974
栗原毅、蚊（カ）の話―よみもの昆虫記―、図鑑の北隆館、1975
栗原毅、蚊の博物誌、福音館書店、1995
津田良夫、日本産蚊全種検索図鑑、北隆館、2019
細井輝彦、蚊の生物学、河出書房、1947
宮城一郎、當間孝子、琉球列島の蚊の自然史、東海大学出版、2017

あなたは
嫌いかもしれないけど、
とってもおもしろい
蚊の話

2019年9月10日　初版1刷発行

著者　三條場千寿・比嘉由紀子・沢辺京子
発行人　川崎深雪
発行所　株式会社 山と溪谷社
〒101-0051 東京都千代田区神田神保町１丁目105番地
http://www.yamakei.co.jp/
■乱丁・落丁のお問合せ先
山と溪谷社自動応答サービス　TEL.03-6837-5018
受付時間　10〜12時、13〜17時30分（土日・祝日を除く）
■内容に関するお問合せ先
山と溪谷社　TEL.03-6744-1900（代表）
■書店・取次様からのお問合せ先
山と溪谷社受注センター
TEL.03-6744-1919　FAX.03-6744-1927
印刷・製本　株式会社光邦

Printed in Japan
ISBN978-4-635-06290-9

三條場千寿
（さんじょうば・ちず）
東京大学大学院農学生命科学研究科・応用動物科学専攻・応用免疫学教室助教。専門は寄生虫学。主にリーシュマニア症および媒介昆虫に関する研究をする。

比嘉由紀子
（ひが・ゆきこ）
国立感染症研究所昆虫医科学部分類生態室室長。長崎大学熱帯医学研究所助教を経て現職。専門は蚊の分類学。デング熱媒介蚊の研究にも従事する。

沢辺京子
（さわべ・きょうこ）
国立感染症研究所昆虫医科学部、バイオセーフティ管理室。聖マリアンナ医科大学、産業医科大学、国立感染症研究所昆虫医科学部部長を経て現職。日本衛生動物学会会長。